"十四五"普通高等教育本科部委级规划教材

纺织科学与工程一流学科建设教

纺织复杂组织结构与设计

李毓陵　主编
贺文婷　马颜雪　副主编

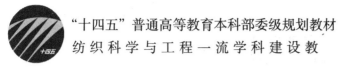中国纺织出版社有限公司

内 容 提 要

本书从纺织专业教学的角度，汇总和归纳了织物组织结构中的复杂组织结构方面的内容，主要包括多重组织、多层组织、起毛组织、毛巾组织、纱罗组织，并综合介绍了三维机织物的研发成果。本书专业性强，特色鲜明，可以作为纺织、材料等相关专业院校的教材和教学参考书，也可作为相关领域的专业技术人员在研发新产品和新技术过程中的参考资料。

图书在版编目（CIP）数据

纺织复杂组织结构与设计 / 李毓陵主编；贺文婷，马颜雪副主编. -- 北京：中国纺织出版社有限公司，2022.5

"十四五"普通高等教育本科部委级规划教材 纺织科学与工程一流学科建设教材

ISBN 978-7-5180-9347-2

Ⅰ．①纺… Ⅱ．①李… ②贺… ③马… Ⅲ．①纺织工艺 – 高等学校 – 教材 Ⅳ．① TS1

中国版本图书馆 CIP 数据核字（2022）第 026424 号

责任编辑：朱利锋　　特约编辑：符　芬
责任校对：王蕙莹　　责任印制：何　建

中国纺织出版社有限公司出版发行
地址：北京市朝阳区百子湾东里A407号楼　邮政编码：100124
销售电话：010—67004422　传真：010—87155801
http://www.c-textilep.com
中国纺织出版社天猫旗舰店
官方微博 http://weibo.com/2119887771
唐山玺诚印务有限公司印刷　各地新华书店经销
2022年5月第1版第1次印刷
开本：787×1092　1/16　印张：8.25
字数：145千字　定价：68.00元

前言

经过多年的教学改革和发展，特别是纺织行业对新面料产品的研发已经提升到前所未有的高度，相应地，对纺织专业中机织物组织结构方面的专业教学工作也提出了更高和更深的要求。

长期以来，基于大纺织的纺织工程教学过程中，机织物组织结构中的复杂组织结构部分的内容，通常都是作为一般织物组织学习完成之后的延伸或补充而存在，统编在组织结构类的教材之中。且由于总学时数的限制，课堂上能够讲解的内容也不多。在纺织品日益关注个性化的行业发展的大背景下，纺织品设计已经成为众多拥有纺织学科的高等院校的常设专业方向和重要的专业学习内容，"纺织复杂组织结构与设计"课程已经作为独立课程得以开设。本教材就是为配合专业教学的新发展需求而专门编写，从纺织专业专设课程教学需求的角度，将教材中织物组织结构方面的内容和专业书籍中的复杂组织结构方面的内容进行了汇总和归纳，特别是将一些相关的专业概念和专业词汇在不同书籍中不统一、表达不一致的问题进行了协同。

近年来，随着具有整体结构的复合材料增强三维预型件技术的飞速发展，一系列基于三维机织技术的结构和产品，已经在一些关于复合材料制备技术的书籍以及各类专业杂志中出现，因此，本书也对这方面内容加以综合和介绍。本书的解读，需要建立在已经具备一般织物组织结构知识的基础之上，专业术语多、专业性较强、特色鲜明，特别注重复杂组织的截面图、结构图和设计原则，并通过设计实例和上机要点的结合，为系统全面培养学生的复杂组织结构织物的设计和制备能力打下坚实的基础。

本书可以作为纺织、服装相关专业院校的本科教材或研究生教学参考书，也可作为相关领域的专业技术人员在研发新产品和新技术过程中的参考资料。

中国棉纺织行业协会贺文婷参与编写本教材；东华大学纺织学院李毓陵负责修正、补充和整理全部章节并负责全书的统稿；东华大学纺织学院马颜雪和葛兰负责起草各章的思考题，并由马颜雪负责修正；东华大学纺织学院博士研究生房家惠和谭宇豪参与书稿的整理工作。

在此对大力协助此书出版的专家学者以及单位部门一并致谢。

书中难免存在疏漏和不足之处，敬请广大读者随时指正。

编者

2022年1月

目录

第一章　复杂组织概述

一、概念

在复杂组织的经纬纱中，至少有一种是由两个或两个以上系统的纱线组成。这种组织结构能增加织物的厚度而表面致密，或能改善织物的透气性而结构稳定，或能提高织物的耐磨性而质地柔软，或能得到一些简单织物无法得到的性能和花纹等。这种组织多应用于衣着、装饰和产业用织物之中。

原组织、变化组织和联合组织等虽然种类很多，构造各异，但都由一个系统的经纱和一个系统的纬纱构成，因此，在绘图、上机和织造方法上都比较简单，而复杂组织则都比较复杂。复杂组织的主要构成方法和特征如下。

（1）利用若干系统经纱和一个系统纬纱，或一个系统经纱和若干系统纬纱构成。在织物中各系统经纱或纬纱相互呈重叠型的配置。

（2）利用若干系统的经纱和若干系统的纬纱所构成的复杂组织，可以制成两层或两层以上的织物，层与层之间根据需要可以分开，也可以按一定方法接结在一起。

（3）利用某一系统的经纱或纬纱与地组织构成复杂组织，这些经纱或纬纱在织造或整理过程中被割开或部分被割开，割开的纱头在织物表面形成竖立的毛绒。

（4）利用两个系统经纱和一个系统纬纱，结合两个系统经纱张力差异和送经量大小的不同，并配合特殊打纬方法，以构成复杂组织，这种组织所制成的织物表面具有毛圈。

（5）利用两系统经纱的相互扭绞，和一个系统的纬纱构成的复杂组织，所制成的织物表面具有稳定的孔眼。

（6）利用两个系统经纱和一个系统纬纱，结合特殊的开口系统和送经量大小的不同，并配合特殊打纬方法，以构成复杂组织，这种组织所制成的织物具有相当大的厚度和特殊的纱线三维分布。

（7）利用多个系统经纱和多个系统纬纱，结合特殊的开口、引纬、打纬、卷取、送经以及辅助装置，以构成复杂组织，这种组织所制成的织物具有各种形状和结构的纵向和（或）横向截面。

从上述各种方法可以得知，复杂组织的设计和织造要比原组织、变化组织和联合组织等复杂得多。当复杂组织的经纱在缩率、线密度、纤维材料或上机张力等方面显著不同时，则应采用多织轴装置，有的还须使用特殊的开口、经纱张力调节装置等。同样，当纬纱在纤维材料、纱线密度、颜色等方面各不相同时，则须配以多色纬（多梭箱）装置。

二、分类

复杂组织种类繁多，但各种原组织、变化组织和联合组织都可成为复杂组织的基础组织。根据复杂组织结构的不同，主要分为以下几种（图1-1）。

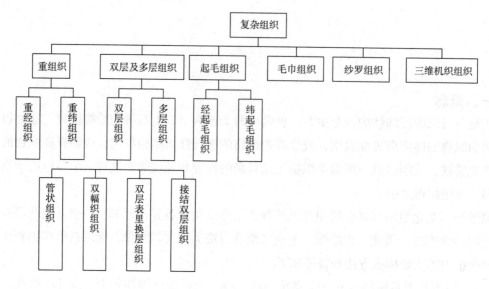

图1-1 复杂组织的分类

三、应用

（1）采用重组织及双层组织可以使织物厚度增加，以提高保暖性，并仍能保持织物细致、松软，也可以使织物同一面或正反面显现不同的花纹，或不同的性能与功能。

（2）采用起毛组织可以使织物表面有毛绒，且织物保暖性好、厚实、耐磨性好。

（3）采用毛巾组织可以使织物柔软、蓬松、吸水性好。

（4）采用纱罗组织可以使织物透气、透孔、结构稳定。

（5）复杂组织使织物可以达到某种特殊要求，如织制工业用传送带、圆管过滤布、人造血管等。

（6）复杂组织使织物可作为复合材料的增强材料，如三维预成型体、骨架材料、隔层材料等。

☞ **思考题**

1. 简述复杂组织的分类方法及类型。
2. 简述复杂组织的特点与设计要点。
3. 举例2～3种采用复杂组织的纺织品，并简要说明其产品特征。

第二章　多重组织

由两组或两组以上的经线与一组纬线交织，或由两组或两组以上的纬线与一组经线交织而成的，二重或二重以上的重叠组织称为重组织。应用此种组织形成的织物称为重组织织物。重组织根据经、纬纱重叠组数的不同，可分为两大类：一类为重经组织，由两组或两组以上的经纱与一组纬纱交织而成的经纱重叠组织，称经二重组织或经多重组织；另一类为重纬组织，由两组或两组以上的纬纱与一组经纱交织而成的纬纱重叠组织，称纬二重组织或纬多重组织。

重经组织一般多用来制织厚重织物，如高级精梳毛织物。在丝织物中也有应用。重经组织根据选用经纱组数的不同，可分为经二重组织、经三重组织及经多重组织。但经三重及经多重组织由于受到织造条件的限制而应用不广。

重纬组织根据选用纬纱组数的多少，可分为纬二重、纬三重、纬四重及纬多重组织。重纬组织由于受织造条件影响较少，因此，一般用增加纬纱组数达到增加织物表面的色彩与层次，较多应用于制织毛毯、棉毯、丝毯、锦缎、厚呢绒、厚衬绒或色织薄型纱呢等，也可用于产业用织物，如工业用滤布、人造血管等。

重组织由于具有两组或两组以上的经线或纬线，故具有下列特点。

（1）可制作双面织物。包括表里两面具有相同组织、相同色彩的同面织物以及不同组织或不同色彩所形成的异面织物。这在平素织物中应用较多，如双面缎、罗纹缎等。

（2）可制作表面具有不同色彩或不同原料所形成的色彩丰富、层次多变的花纹织物。这在提花织物中应用较多，如织锦缎、古香缎、留香绉、花软缎以及彩色挂屏、像景等丝织物，都是利用重组织结构制织的。

（3）由于经线或纬线组数的增多，不但能美化织物的外观，而且在织物的重量、厚度、坚牢度以及保暖性等方面均有所增加，并且在力学性能、物理功能、生物医学特性等方面，能符合多方面的要求。

第一节　重经组织

重经组织织物表面较为平整，形成的花纹较为细腻，构成重经组织的两组或两组以上经纱相互重叠，使一组经纱呈现在织物表面，而另一组经纱能较好地隐藏在背面，其构成原则如下。

（1）组织图中，里经经浮点的左、右两旁或一旁，一定要有连续的表经经浮点；必须避免里组织的单个经浮点与表组织的单个纬浮点并列在一起，形成平纹状交织。这是构成重组织最基本的一条原理。因为表、里经纱只有在具有相同的组织点时，才能借助机械的作用产生滑移而重叠，否则，表、里经纱将产生相互阻挠或撇开，不能形成重叠效果。

图2-1（a）所示为里经组织点的两旁有表经经浮点的重叠组织图和经向剖面图，表、里经纱能形成良好的重叠；图2-1（b）所示为里经单个经浮点与表经单个纬浮点并列在一起形成平纹状交织的组织图和经向剖面图，两组经纱不能相互重叠，实为$\frac{2}{1}$变化经重平组织。

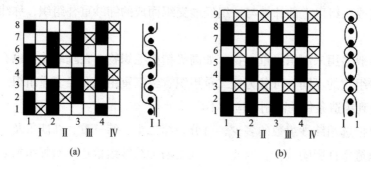

图2-1　重经组织重叠原理示意图

（2）在一个完全组织内，表经的浮长（或经浮点数）必须大于里经的浮长，这样才能使表经较好地遮盖里经。

图2-1（a）为表经经浮点数等于3，里经浮点数等于1，以3个表浮点遮盖1个里浮点，形成表经纱遮盖里经纱的重经组织图。相反，若表经经浮点数少于里经的经浮点数，则会形成里经纱遮盖表经纱的情况。

若根据织物的用途和要求，表组织必须采用平纹组织，但又要使里经被遮盖得好些，除选用经浮点少的纬面组织为里组织外，还必须辅助其他条件，如表、里经纱的线密度、密度和色彩等。

（3）表组织和里组织的完全经、纬纱数必须相等或一个是另一个的整数倍。如果表里基础组织循环不成整数倍，就不能很好地重叠，同时，也会增加重经组织的经、纬纱循环数。

图2-2（a）为8枚经缎表组织，图2-2（b）为5枚纬缎里组织，图2-2（c）为表经：里经=1：1排列的重经组织图。由图2-2（c）可以看出，里经组织点有的能被表经遮盖，有的则不能，而且组织未能循环。若要获得一个完全组织，其经纱循环数必须是表组织经纱循环数8和里组织经纱循环数5的最小公倍数乘以排列比之和2，即8×5×2=80根；而纬纱循环数为表组织纬纱循环数8和里组织纬纱循环数5的最小公倍数，即8×5=40根。

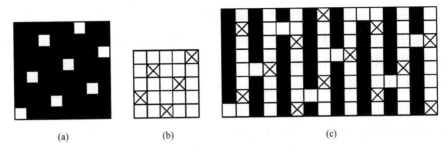

图2-2　经二重组织经、纬循环示意图

一、经二重组织

经二重组织为复杂组织中最简单的组织，由两个系统经纱和一个系统纬纱交织而成，称经二重组织。二重组织的主要特征为：纱线在织物中成重叠状配置，不需采用线密度高的纱线就可增加织物厚度与克重，又可使织物表面细致，并且可使织物正反两面具有不同组织、不同颜色的花纹。

经二重组织由两个系统经纱，即表经和里经与一个系统纬纱交织而成。其表经与纬纱交织构成织物正面，称表面组织，里经与同一纬纱交织构成织物反面，称反面组织，反面组织的里面在织物内部称里组织。传统上，经二重组织多数用以制织较厚的高级精梳毛织物。

利用经二重组织可使经纱具有重叠配置的特点，可在一些简单组织织物中局部采用。织物表面按照花纹要求，使起花纱线在起花时浮在织物表面，不起花时沉于织物反面，起花部分以外的织物仍按简单组织交织，形成各式各样局部起花的花纹，这种组织称为起花组织。当起花部分由两个系统经纱（即花经和地经）与一个系统纬纱交织时，称经起花组织。

1. 经二重组织的设计

（1）表面组织与里组织的选择。经二重组织织物正反两面均显经面效应，其基础组织可相同或不相同，但表面组织多数是经面组织，反面组织也是经面组织，因此，里组织必是纬面组织。

（2）为了在织物正反两面都具有良好的经面效应，表经的经组织点必须将里经的经组织点遮盖住，这必须使里经的短浮线配置在相邻表经两浮长线之间。此外，每一根纬纱要和两种经纱相交织，应使纬纱的屈曲均匀且尽可能小。这可以通过经纬向截面图观察其配置是否合理。

（3）表里经纱排列比，取决于表里经纱的线密度、密度和表里经的组织，根据织物克重及使用目的来定。经二重组织的排列比一般采用1∶1与2∶1为多。为了使表经更好地遮盖里经，表里经的排列比应符合表经数≥里经数。当表里经纱的线密度与密度相同时，可采用1∶1的排列比，若仅仅为了增加织物厚度与克重，则可采用原料较差、线密度较高的里经纱线，此时可采用2∶1的排列比。

（4）经二重组织的组织循环纱线数的确定。确定规则如下。

① 经二重组织的经纱循环数等于两基础组织经纱循环数的最小公倍数乘以排列比之和。

② 经二重组织的纬纱循环数等于两基础组织纬纱循环数的最小公倍数。

③ 当基础组织经纱循环数与排列比之间有倍数关系时，采用下述计算通式。

若表里经的排列比为$m:n$，表组织的组织循环纱线数为R_m，里组织的组织循环纱线数为R_n时，则经二重组织的组织循环纱线数R_j可按下式计算：

$$R_j = \left(\frac{R_m与m的最小公倍数}{m} 与 \frac{R_n与n的最小公倍数}{n} 的最小公倍数 \right) \times (m+n) \tag{2-1}$$

即：

$$R_j = \left[\frac{[R_m, m]}{m}, \frac{[R_n, n]}{n} \right] \times (m+n) \tag{2-2}$$

式（2-2）中：$[R_m, m]$为R_m与m的最小公倍数。

例如，某经二重组织，表里经纱排列比为2:2，$R_m=3$，$R_n=4$，则：

$$R_j = \left(\frac{3与2的最小公倍数}{2} 与 \frac{4与2的最小公倍数}{2} 的最小公倍数 \right) \times (2+2) \tag{2-3}$$

$$R_j = \left[\frac{[3,2]}{2}, \frac{[4,2]}{2} \right] \times (2+2) = \left[\frac{6}{2}, \frac{4}{2} \right] \times 4 = 24 \tag{2-4}$$

④ R_w等于表里组织的组织循环纬纱数的最小公倍数。

2. 绘制经二重组织的方法

在绘制重经组织的组织图时，不可能同时绘出织物表里两系统纱线的交织情况，因此，假设表里经纱位于同一平面上。

（1）确定里组织起点。为了使织物的正面和反面都不露出另一个系统经纱的短浮点（称接结痕迹），可借助辅助图确定里组织的组织点配置，如图2-3所示。

图2-3（a）是表面组织，为$\frac{3}{1}$↗；

图2-3（b）是反面组织，为$\frac{3}{1}$↘，里组织应当是$\frac{1}{3}$↗（通过"黑白翻转法"获得）；

图2-3（c）是在表面组织上，将已知表里经纱排列比1:1标出，图中纵行代表表经，纵向箭矢所示的粗线代表里经，横行代表纬纱；

图2-3（d）是辅助图，是按已知表面组织与表里经纱排列比结合"里组织的短经浮长配置在相邻表经两浮长线之间"的原则，就已知里组织$\frac{1}{3}$斜纹规律而获得的里组织点的配置。图中符号"▣"代表里经组织点；

图2-3（e）是求得的里组织。

（2）按已知表面组织与里组织及表里经纱排列比求得：组织循环经纱数$R_j=4 \times 2=8$，组织循环纬纱数$R_w=4$。

（3）在一组织循环范围内，按表里经纱排列比划分表里区，并用数字分别标出。阿拉伯数字1，2，3……为表经纱，罗马数字Ⅰ，Ⅱ，Ⅲ……为里经纱，如图2-3（f）所示。

（4）表经与纬纱相交处填入表面组织，里经与纬纱相交处填入里组织，所得组织图如图2-3（g）所示。

（5）为了确保表、里基础组织的组织点能很好地重叠，使重经织物表面具有良好的外观效应，除必须遵循重组织的构成原理外，还必须使里经之经浮点尽可能配置在表经经浮长线的中央，且表、里经组织点的排列方向应相同。图2-3（h）为纵向截面图，图2-3（i）为横向截面图，用以检查和显示纱线之间的配置情况。

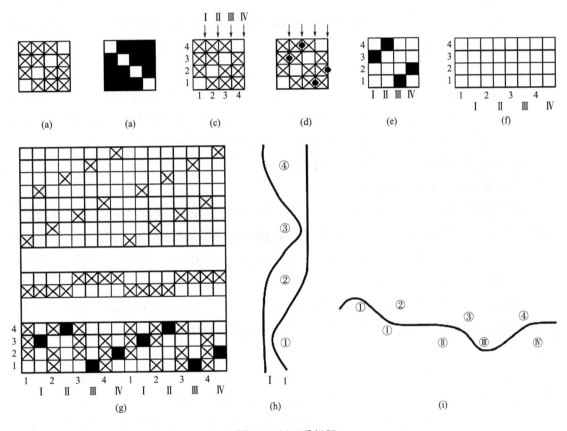

图2-3　经二重组织

3．经二重组织的上机

图2-3（g）所示为上机图（纹板图略）。

（1）当经二重织物表里经纱不同或考虑张力差异较大，则采用分区穿法。所用综页数等于基础组织循环纱线数之和，因为表经的提综次数较多，故表经宜穿入前区综页内，而里经则穿入后区综页内。如经纱相同，且表里组织较简单，可采用顺穿法。

（2）重经组织的纬纱循环数等于表、里基础组织纬纱循环数的最小公倍数。

（3）因为经二重组织经密较大，为了使织物表面不显露接结痕迹，一组表里经纱必须穿入同一筘齿内，以便表里经纱相互重叠。当表里经纱排列比为1：1时，按经密可2根（1表1里）、4根（2表2里）或6根（3表3里）穿入一筘齿中；当表里经纱排列比为2：1时，可3根

（2表1里）或6根（4表2里）穿入一筘齿中。

（4）一般经二重织物采用单轴织造，但当表里经纱在原料、强度、缩率等方面显著不同时，可采用双织轴织造。反之，若表、里经纱的缩率相同或相近，可采用单轴织造，以减少经轴安装及织造的难度。

制织异面经二重组织，可采用廉价的里经，以达到既增厚又降低成本的目的。

二、经起花组织

局部采用经二重组织的经起花织物，起花部分的组织是按照花纹要求在起花部位由两个系统经纱（即花经和地经）与一个系统纬纱交织。起花时，花经与纬纱交织使花经浮在织物表面，利用花经浮长变化构成花纹；不起花时，该花经与纬纱交织形成纬浮点，即花经沉于织物反面。起花以外部分为简单组织，仍由地经与纬纱交织而成。这种局部起花的经起花织物大都呈现条子或点子花纹。此外，尚有起花部位遍及全幅经起花织物，其花经分布在全幅，形成满地花。此组织大多用以制织色织线呢与色织薄型织物等。

设计经起花组织时，主要应掌握下列原则。

1. 起花组织与地组织的选择

（1）经起花部位的织物由经组织点构成。根据花型要求，一般织物经纱浮长线的组织点数，少至1个，多达5个，甚至更多。当经起花部位经向间隔距离较长，即花经在织物反面浮线较长时，则容易磨断而使织物不牢固，故需间隔一定距离加一经组织点，即与纬纱交织一次，这种组织点称接结点。

（2）地组织的选择可按照织物品种、花型要求来定。当织物品种要求厚实时，则地组织往往采用变化组织、联合组织等；有些薄织物如府绸、细纺采用经起花组织，其地组织多数采用平纹。

为了突出花型，要求地布平整，地组织的浮线不干扰花经的长短浮线。花经的接结点要视花型的要求进行合理配置。当花经接结点与两侧地经组织点相同时，即均为经组织点，则接结点可不显露；当花经接结点一侧与地组织的组织点相同时，则接结点轻微显露；当花经接结点与两侧地组织的组织点均不相同时，即两侧地经均为纬组织点，则接结点会暴露。但也有不少织物利用接结点的显露，给予合理配置，构成花型的一部分，如构成一种衬托的隐条纹，增加花型的层次和立体感。这在经起花织物上是常见的。

经起花织物地组织多数采用平纹组织，因为平纹组织交织点多，地布易平整，且平纹均为单独组织点，无论花型大小，都易于使花经的浮线与接结点配合。

（3）花经与地经排列比可根据花型要求、织物品种来定。常用的排列比为1:1、1:2、2:2、1:3等，根据花型要求也可采用一种以上的排列比。

（4）花型配置的大小及稀密应考虑美观、坚牢度与织造条件等。如起花经浮线过长，则会影响织物的坚牢度。

如某女线呢织物，其花型为纵向两个散点排列。图2-4（a）是部分组织图，仅为织物花型的一部分，该组织要求接结点不显露于织物表面。

图2-4（a）中符号"■"表示起花组织，其起花经纱浮长为4，由三根花经构成，与地经相间排列，符号"●"表示花经的接结点，符号"⊠"表示地组织，为凸条组织（如图中标出的8根经纱）。该地组织将花经接结点遮盖住。从图中可以看出，由于起花经纱两侧的地组织经浮较长，故影响花经排列，使起花效果不如平纹地组织。

又如某女线呢织物，花型为经向散点排列，地组织为平纹，起花组织花经纱接结点要求细小地散布于花经连续的纬组织点之中，组成花型的一部分，其织物的部分组织图如图2-4（b）所示。图2-4（b）中符号代表含义同前例，起花组织经纱浮长为3，地组织为平纹，花经接结点仅一侧与地组织相同，故微显露于织物表面，组成花型的一部分。

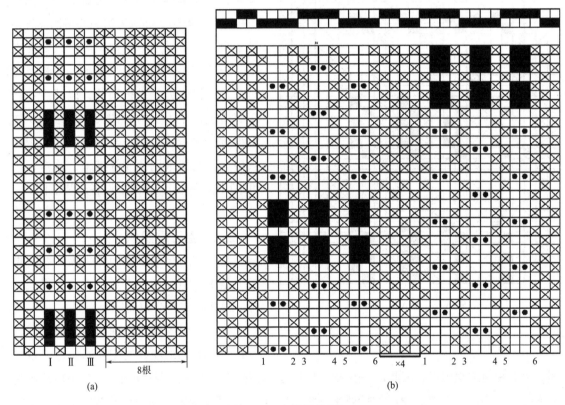

图2-4　经起花织物组织

质地薄爽的织物多数采用平纹地组织，起花组织根据花型要求而定，不少织物不仅利用花经纱浮线长短不一构成各种花纹，而且合理配置接结点组成花型的一部分。也有些织物，花经采用平纹地组织起花，将花经配以色经、粗经来突出起花效果。如图2-5所示为某色织涤/棉织物上机图，其地组织为平纹，花经采用比地经粗的色纱，利用平纹接结点构成花型。

2. 经起花组织的上机

（1）穿综采用分区穿法。一般地经纱穿在前区，使开口清晰，起花组织经纱穿入后区，其中花纹相同的经纱穿入同一区内。

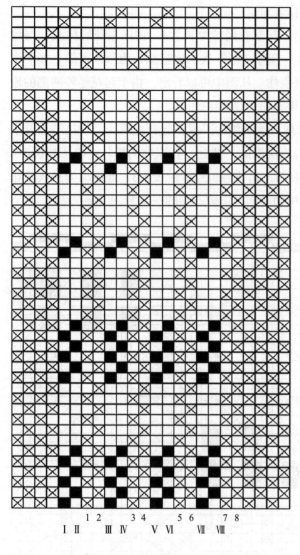

1 2　　3 4　　5 6　　7 8
Ⅰ Ⅱ　Ⅲ Ⅳ　Ⅴ Ⅵ　Ⅶ Ⅷ

图2-5　色织涤/棉织物上机图

（2）穿筘时，一般将花经夹在地经中间［图2-4（b）］，并穿入同一筘齿中，如此穿法便于花经浮起。

（3）经起花组织经纱张力的处理。当起花组织与地组织的交织点数相差很大时，则花经与地经的张力就不一样。花经张力小易造成织造困难，如果采用双轴织造，则花经与地经可分别卷在两个织轴上，张力可分别处理，这样，能使花型清晰，织造顺利，但织轴的卷绕长度较难控制，而且织机操作也麻烦。如两种组织的平均浮长差异不大，则可采用单织轴织造，只要在准备、织造工序中采取适当措施，如整经时对花经加大张力，进行预伸，以减少花经在织造过程中因受力而伸长。当绘制织物组织时，尽量使花组织与地组织的交织次数接近，酌情采用预伸等措施，这样，仍可采用单织轴织造，减少设备改装工作。

三、经三重组织

经三重组织一般用于丝织物。经三重组织是由三组经纱（表经、中经、里经）与一组纬纱重叠交织而成。

经三重组织构成原理与经二重相同，但必须考虑三组经纱的相互遮盖，三者之间必须有相同的组织点，因此，一般表层组织选经面组织，里层组织选纬面组织，中层组织选双面组织，表经、中经、里经的排列比一般选1:1:1。其完全组织循环经纱数等于基础组织经纱循环数的最小公倍数与排列比之和，其完全组织循环经纱数等于基础组织经纱循环数的最小公倍数与排列比之和，其完全组织循环纬纱数等于基础组织纬纱循环数的最小公倍数。

图2-6所示为同面经三重组织的上机图及经向剖面图，图2-6（a）所示为$\frac{3}{1}$ ↗斜纹，作表层组织；图2-6（b）所示为$\frac{2}{2}$ ↗斜纹，作中层组织；图2-6（c）所示为$\frac{3}{1}$ ↗斜纹，作里层组织，表、中、里经纱排列比为1:1:1，其上机图如图2-6（d）所示，其经向剖面图如图2-6（e）所示。

经三重组织的穿综图一般采用分区穿法。

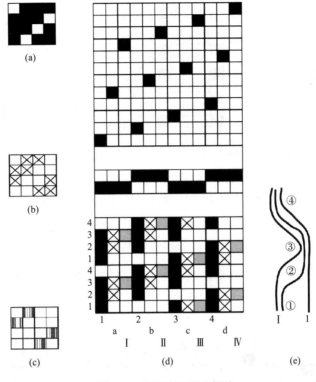

图2-6　经三重组织示意图

第二节　重纬组织

与重经组织一样，构成重纬组织的两组或两组以上的纬纱，如何才能相互重叠，使一组纬纱呈现在织物表面，而另一组纬纱能较好地隐藏在背面，其构成原理如下。

组织图中，里纬纬浮点的上、下两方或一方，一定要有表纬的纬浮点；必须避免里纬的单个纬浮点与表纬的单个经浮点并列在一起形成平纹状交织。这样表、里纬才能借助于打纬的作用产生滑移，能使相邻两根表纬彼此靠近，很好地遮盖住里纬。

如图2-7（a）所示，由于组织图中里纬纬浮点上、下均是表纬的纬浮点，所以，重叠效果较好，织物表面只呈现表纬长浮纱。

如图2-7（b）所示，由于组织图中里纬纬浮点的上、下均是表纬的经浮点，形成平纹状交织，因此，相互不能重叠，而形成$\frac{1}{3}$变化纬重平。

在一个完全组织内，表纬的纬浮长必须大于里纬的纬浮长，使表纬长浮纱很好地遮盖里纬的纬浮点。

图2-8所示为表纬的纬浮点数等于3，里纬纬浮点数等于2，以3个纬浮点遮盖2个纬浮点的重纬组织图。

11

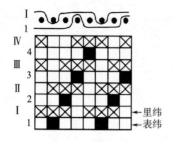

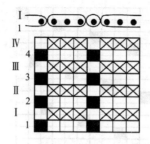

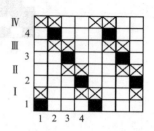

图2-7　重纬组织重叠示意图　　　　　　图2-8　$\dfrac{1}{3}$斜纹纬二重组织图

如果表组织为平纹，要使表、里组织重叠，里组织应选用纬浮点更少的经面组织，且应适当改变表、里纬纱的线密度、密度与色彩等。

表组织和里组织的经、纬纱循环数必须相等或成整数倍关系，这样有利于表、里组织的重叠和减少经、纬纱循环数。图2-9所示的纬二重组织，其表组织为$\dfrac{16}{5}$纬面缎纹，里组织为$\dfrac{8}{5}$纬面缎纹。

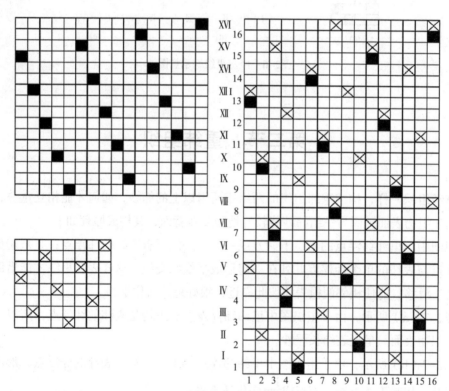

图2-9　$\dfrac{16}{5}$缎纹纬二重组织图

一、纬二重组织

纬二重组织由相同或不相同的两个系统纬纱即表纬和里纬，与一个系统经纱交织而成。

表纬与经纱交织构成表面组织，里纬与同一经纱交织构成反面组织，反面组织的里面为里组织。纬二重组织应用较多，通常用于制织毛毯、棉毯、厚呢绒、厚衬绒等，也有用于产业用织物，如工业用滤尘布等。

1. 设计纬二重组织的原则

（1）表面组织与里组织的选择。表、里基础组织的选择遵循重纬组织的重叠原理。纬二重组织的织物正反两面均显纬面效应，其基础组织可相同或不同，但表面组织多是纬面组织，反面组织也是纬面组织，因此，里组织必是经面组织。

（2）为了在织物正反面具有良好的纬面效应，表纬的纬浮线必须将里纬的纬组织点遮盖住，因此必须使里纬的短纬浮长配置在相邻表纬的两浮长线之间。经、纬纱之间配置是否合理，可通过纵向与横向截面图进行观察。

（3）表、里纬排列比的选择，取决于表、里纬纱的线密度、基础组织的特性以及织机梭箱装置的条件等。一般常用的排列比为1∶1、2∶1或2∶2等。织物正反面组织相同时，若里纬纱为线密度高的纱线，表、里纬排列比可采用2∶1；若表、里纬纱线密度相同，则排列比采用1∶1或2∶2。

（4）纬二重组织的组织循环纱线数的确定与经二重组织相似，即重纬组织的经纱循环数等于两基础组织经纱循环数的最小公倍数，而纬纱循环数等于两基础组织纬纱循环数的最小公倍数乘以排列比之和。或当表纬∶里纬=m∶n时，表组织纬纱循环数为R_m，里组织循环纬纱数为R_n，重纬组织的纬纱循环数为R_w，则为：

$$R_w = \left(\frac{R_m 与 m 的最小公倍数}{m} 与 \frac{R_n 与 n 的最小公倍数}{n} 的最小公倍数 \right) \times (m+n) \tag{2-5}$$

或表示为：

$$R_w = \left[\frac{[R_m, m]}{m}, \ \frac{[R_n, n]}{n} \right] \cdot (m+n) \tag{2-6}$$

2. 绘制纬二重组织的方法

重纬组织的组织图绘制方法与重经组织相似，故可按重经组织的作图步骤进行，如图2-10所示。

（1）确定里组织。该织物的正反面均为$\frac{1}{3}$斜纹的纬二重组织，表、里纬纱的排列比为1∶1。

图2-10（a）所示正面组织为$\frac{1}{3}$↗，图2-10（b）所示反面组织为$\frac{1}{3}$↘。为了确定里组织的配置，绘出辅助图2-10（c）。在表面组织上，将已知表、里纬纱排列比1∶1标出，图2-10（c）中横向方格代表表纬，横向箭矢所示线代表里纬，纵行代表经纱。图2-10（d）是按已知表面组织与表、里纬纱排列比结合"里组织的短纬浮长配置在相邻两表纬长浮线之间"的原则，就知里组织为$\frac{3}{1}$↗斜纹规律而获得的里组织点的配置。图2-10（e）为求得的里组织，为$\frac{3}{1}$↗斜纹。

（2）按已知的表面组织、里组织及表、里纬纱排列比确定：组织循环经纱数R_j=4；组织循环纬纱数R_w=4×2=8。

（3）在一个组织循环4经8纬范围内，按表、里纬纱排列比划分表、里区，并用数字分别标出，如图2-10（f）所示。

（4）在表纬与经纱相交处填入表面组织，里纬与经纱相交处填入里组织，所求得的组织图如图2-10（g）所示。图2-10（h）为经向截面图，图2-10（i）为纬向截面图。

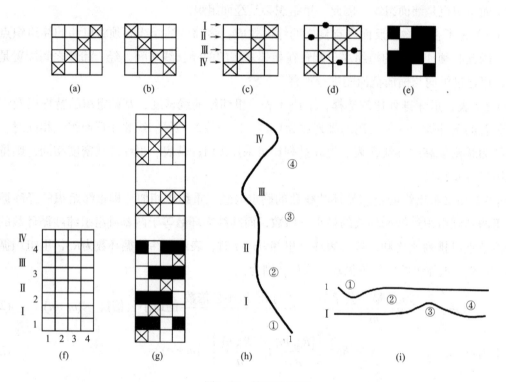

图2-10　纬二重组织

3. 纬二重织物的上机要点

纬二重织物上机时，采用顺穿法，操作简单方便。若表、里组织的经纱循环数相等，则综片数等于基础组织所需的综片数；若表、里组织的经纱循环数不等，则总综片数应等于两个基础组织所需综片数的最小公倍数。纬纱循环数则等于重纬组织的完全纬纱数。

因纬二重织物需有较大的纬密，故经密不宜太大，每筘齿穿入数一般为2～4根。纬二重织物多数呈纬纱效应，按其用途施以起毛或刮绒等后整理工序，从而使织物手感柔软，保温性好。因织造时经纱受外力作用大，故采用强力较高的原料作经纱。如某些毛毯采用经纱为棉，纬纱为毛，经过后整理，毛纱盖住了棉纱。某些棉毯、衬绒织物，经纱采用较细的优质棉纱，而纬纱可用线密度较高且价廉的棉纱。

当表里纬纱的纤维材料、线密度、颜色不同时，就需采用多色纬装置。如某工业用滤尘布，经纬纱均为棉纱，表面组织为$\frac{2}{2}$↘，反面组织为$\frac{1}{3}$↗，里组织为$\frac{3}{1}$↘，表、里纬纱排列比为2：2，绘出的织物组织如图2-11所示。又如某棉毯，其经纱为棉纱，织物正反面均为$\frac{1}{3}$破斜纹的纬二重组织，表、里纬纱排列比为1：1。织物组织采用表、里纬交换的纬二重组织。

图2-12所示纬纱为甲、乙两种颜色。纬纱1、纬纱2、纬纱3、纬纱4为甲色，纬纱Ⅰ、纬纱Ⅱ、纬纱Ⅲ、纬纱Ⅳ为乙色。在织物上可以显出三种颜色，如：

1~4经的组织显甲色，即甲色纬纱浮线在织物表面；

2~8经的组织显乙色，即乙色纬纱浮线在织物表面；

9~12经的组织显甲乙色，即1纬、Ⅰ纬与3纬、Ⅲ纬有甲乙两根纬纱浮在织物表面。与此同时，2纬、Ⅱ纬与4纬、Ⅳ纬在织物反面也显甲乙色。

大提花组织，可以根据花型将显某色的地方，采用表、里纬交换的纬二重组织，填入显该色的纬纱。

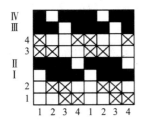

图2-11 滤尘布组织

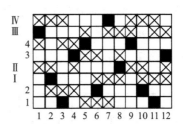

图2-12 表里交换纬二重组织

二、纬起花组织

纬起花组织是由简单的织物组织，再加上局部纬二重组织构成的。纬起花组织的特点是按照花纹要求在起花部位起花，其起花部位是由两个系统纬纱（即花纬和地纬）与一个系统经纱交织而形成花纹。起花时，花纹与纬纱交织，花纬浮线浮在织物表面，利用花纬浮长构成花纹；不起花时，该花纬沉于织物反面，正面不显露。起花以外部位为简单组织，仍由地纬与经纱交织而成。为了使纬起花组织花纹明显，起花纬纱往往用显著的颜色。当采用一种以上纬纱时，要用多色纬织机制织。此组织大多用以制织色织线呢与薄型织物等。

设计纬起花组织时，主要原则如下。

1. 起花组织与地组织的选择

（1）纬起花部位，织物由花纬与经纱交织，花纬的纬浮长线构成花纹，根据花型要求，一般织物纬纱浮长为2~5根。织物表面起花部位往往是比较少的。当纬起花部位在纬向的间隔距离较长（花纬在织物反面浮长较长），对织物坚牢度及外观有一定的影响时，就要每隔四五根经纱，安排一根经纱用于接结该沉下去的纬纱。接结时，该经纱沉于花纬的下方，称接结经。

（2）地组织多采用平纹，地布平整，花纹突出。接结经与地纬交织时，其接结组织点虽然难免要露于织物表面，但接结经的色泽与线密度常和地经相同，所以，对织物外观无显著影响。

（3）花纬在织物正面起花时，浮长不宜过长，如花型需要浮长较长时，就利用地经中的一根，在织物正面压抑花纬浮长，一般由接结经旁边的一根地经来完成。常用花纬浮长以三四根为宜。

（4）花纬与地纬的排列比，按花型要求、织物品种来定。采用2：2、2：4、2：6等多种。

（5）纬起花组织的组织循环纱线数的确定原则，与经起花组织相同。

如图2-13所示的纬起花织物组织，符号□表示花纬浮在织物表面的浮长，均为两根纬纱并列，花纬浮长为4；符号"▣"表示花纬沉于织物反面，故地经必须全部提起；符号"■"表示接结经纱与地纬交织时的经组织点，花纬在织物背面的浮长较长，如果没有接结经在背部接结，那么，织物反面浮长将很长。图2-13中第5、第10、第15、第20、第25、第30根经纱为接结经纱，接结经与地纬以$\frac{1}{2}$交织。在起花部分，花纬与地纬排列比为2：2，地经与接结经排列比为4：1。起花部分的组织循环经纱数R_i=30，组织循环纬纱数R_w=20。

2. 纬起花组织的上机

（1）穿经采用分区穿法，一般地综在前，起花综在后，接结经综在中间。图2-13中起

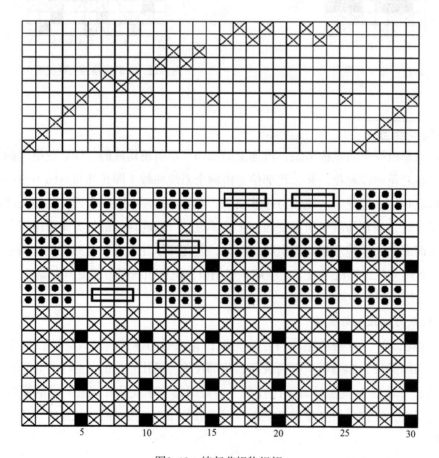

图2-13　纬起花织物组织

花部分共用11页综织造，其中1～4为地综，接结经在中间用1页综，三种花型各用2页综，共需采用6页综。

（2）接结经与相邻经纱穿入同一筘齿中。

此外，还有一些纬起花组织，在织物起花时，花纬与经纱交织，纬浮长线浮在织物表面构成花纹，不起花时，花纬不沉于织物背面而是与经纱交织，地纬与经纱交织形成地组织。这种组织随起花组织与地组织的不同，也有很多种形式。

经、纬起花组织还可作为一种花纹，点缀应用于一个品种，如手帕、线呢、时尚面料等。

一些纬起花组织，起花部分占织物表面的比例较小，花纬在织物的背面会形成较长的浮长线，很容易出现勾纱勾丝等问题，影响织物最终的使用，因此，会在织物下机后，将织物背面的较长的花纬浮长线剪掉，得到的织物称为剪花织物。

三、纬三重组织

纬三重组织是由一组经纱与三组纬纱（表纬、中纬、里纬）重叠交织而成。

纬三重组织构成原理与纬二重组织相同，但必须考虑三组纬纱的相互遮盖，三者之间必须有相同的组织点。

绘制纬三重组织的方法如下。

（1）确定基础组织。原组织、变化组织及联合组织均可作为表纬、中纬及里纬的基础组织。

（2）确定表纬、中纬、里纬的排列比，一般均为1∶1∶1。

（3）确定组织循环纱线数。

① 当表纬、中纬、里纬的排列比为1∶1∶1时：
$$R_\text{w}= 三个基础组织纬纱循环数的最小公倍数 \times (1+1+1) \tag{2-7}$$

② 当表纬、中纬、里纬的排列比为$b∶z∶l$时：
$$R_\text{w}=\left(\frac{R_\text{表}与b的最小公倍数}{b} 与 \frac{R_\text{中}与z的最小公倍数}{z} 与 \frac{R_\text{里}与l的最小公倍数}{l} 的最小公倍数 \right) \times (b+z+l) \tag{2-8}$$

或表示为：
$$R_\text{w}=\left[\frac{[R_\text{表}, b]}{b}, \frac{[R_\text{中}, z]}{z}, \frac{[R_\text{里}, l]}{l} \right] \cdot (b+z+l) \tag{2-9}$$

纬三重组织采用顺穿法。在丝织物和粗纺毛织物中，以及一些颜色复杂度比较大的大提花织物中，常用到纬三重组织。如丝织物中的织锦缎就常用纬三重组织。

四、重经组织与重纬组织的比较

重经组织和重纬组织的构成原理虽然相同，但在外观特征、组织结构和上机要求方面仍各有不同的特点，主要如下。

1. 组织结构方面

重经组织具有两组或两组以上的经线，形成经线与经线的重叠，故经密可以加大；重纬组织具有两组或两组以上的纬线，形成纬线与纬线的重叠，故可加大纬密。重经组织制作的双面经效应织物，织物表面较为平整、细密；重纬组织制作的双面纬效应织物，花纹较为丰满和光亮。

2. 上机织造方面

重经组织由于经线组数的增加，上机所用的综片数或提花机的针数也必然增多，由于综片数和提花机纹针数都受机械条件的限制，重经组织经线组数不可能随意增加，特别是织造中不可能变化，因此，也就较难达到美化织物外观的目的。重经组织由于表、里经的组织不同、原料不同，故缩率一般相差较大，须采用双经轴织造。为使表、里经线很好地重叠，表、里经线必须穿入同一筘齿。

重纬组织由于经线只有一组，所以，对开口机构的要求可与单层织物一样，一般用一只经轴织造。纬线组数的增加，在有梭织造条件下，需要用两把或两把以上的梭子织造，故必须采用多梭箱机构；又因纬密较大，故生产效率较低。但在现代无梭多色纬织造的条件下，纬线的组数理论上可以无限增加和变化。

3. 经纬线原料和色彩的变化方面

重经组织由于受到织造条件的限制，不可能采用低劣原料。不能用品质较差、纤度较大的原料作经，否则会给织造带来困难。若遇到特殊情况须临时更换原料时，重经组织因在同一经轴上，就无法办到。而重纬组织则较方便，无梭织机通常只要有多色纬装置即可制织，有梭织机只需换梭即可。因此，重纬组织较能适应原料的变化，局限性较小。

由此可知，重经与重纬组织虽然各有特点，但重经组织由于受到织造条件的限制，变化不如重纬组织灵活，因此，重纬组织在丝织物中应用较为广泛。

第三节　填芯重组织

为了进一步增加重组织织物的厚度和重量，可以采用一组粗的、价格便宜的纱线为填芯纱，填在表、里经纱（或纬纱）之中，不参与交织。重经组织中，填芯纱应为纬纱；而重纬组织中，填芯纱应为经纱。因此，填芯重组织是由两组经纱和两组纬纱交织而成。填芯纱的排列比可以采用表：填=1：1或2：1。采用2：1时，其填芯纱可以配置得较粗些。例如，精纺毛织物中，为了增加厚度，常常采用表经：里经=2：1，表纬：填芯纬=2：1的填芯纬经二重组织，填芯纬为较粗的毛纱或棉纱。

一、填芯纬经二重组织

现以图解法说明填芯纬经二重组织的构成原理和绘图步骤。如图2-14所示，图中有符号的组织点代表经浮点。图2-14（b）是以2-14（a）所示的$\frac{4}{4}$／斜纹按常规方法构作的表、里经纱排列比为1∶1的经二重组织。符号"■"为表经经浮点，符号"⊠"为里经经浮点。图2-14（c）是按表纬∶填芯纬=1∶1的顺序插入填芯纬。图2-14（e）在表经与填芯纬相交处填上符号"●"，表示填芯纬织入时，所有表经提升；而在里经与填芯纬相交处为空白"□"，表示填芯纬织入时，里经不提升。这样便使填芯纬位于表经之下、里经之上，在中间起填芯作用。图2-14（f）为图2-14（e）中各种经浮点符号均改为一种涂黑符表示的组织外观。图2-14（d）为图2-14（e）中第1、第2根经纱的经向剖面图，其显示出了表、里经纱与纬纱的交织情况及填芯纬在织物中的位置。

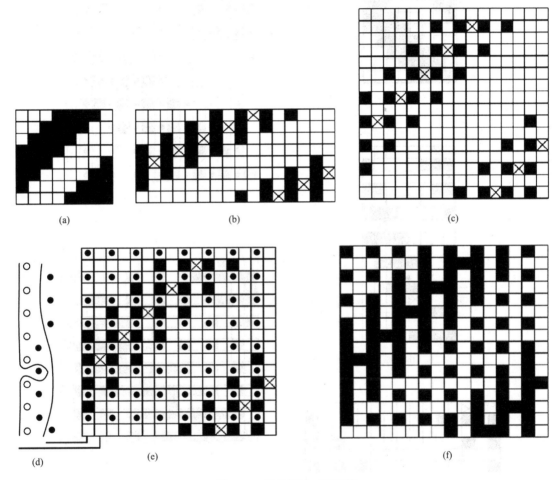

图2-14　填芯纬经二重组织

二、填芯经纬二重组织

现以图2-15为例说明填芯经纬二重组织的构成原理与绘图步骤。为了醒目起见，图2-15中标符号的点为纬浮点，空白点为经浮点。图2-15（b）是将图2-15（a）所示的 $\frac{4}{4}$ ↗斜纹按常规方法构作的表、里纬纱排列比为1∶1的纬二重组织图。图中填黑点和符号×分别表

示表纬及里纬的纬浮点。图2-15（c）是按表经：填芯经=1：1的顺序插入填芯经，图2-15
（d）为在填芯经与表纬相交处填入符号"▣"，表示表纬织入时填芯经不提升；而在填芯经
与里纬相交处留出空白点，表示里纬织入时填芯经提升，这样便使填芯经位于表纬之下、里
纬之上，在中间起填芯作用。图中图2-15（e）是将图2-15（d）中所有标符号的点改为涂黑
点（这里代表纬浮点）表示的组织效果。图2-15（f）表示图2-15（d）中第1、第2根纬纱的
纬向剖面图，其显示出了表、里纬纱与经纱的交织情况及填芯经在织物中的位置。

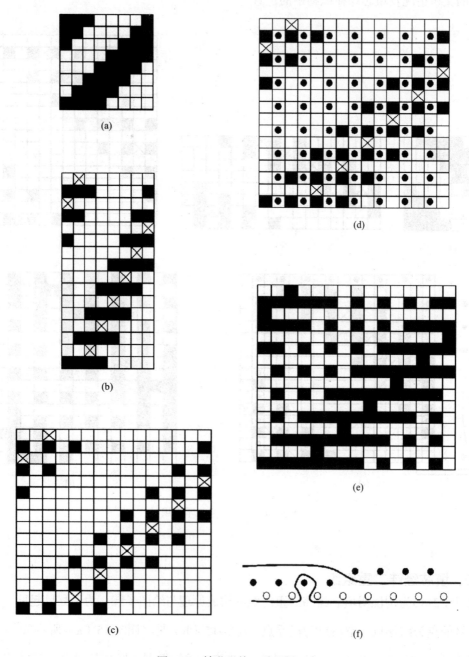

图2-15 填芯经纬二重组织

第四节 假重组织

假重组织又称缎背组织，由选定的基础组织扩大变化而成的，其经纱或纬纱按一定的间隔显现于织物的正面和背面，其织物的正面呈现基础组织，背面具有长浮，似缎纹外观。

如果是经纱间隔，则每根经都以一定的比例（1：1或2：2）间隔显现于织物正面。当1、3、5等奇数经纱在织物正面与纬纱交织成斜纹、缎纹或其他组织时，2、4、6等偶数经纱则衬在其背面。若当偶数经纱在织物正面与纬纱交织成基础组织时，奇数经纱则衬在其背面。这样两根相邻的经纱互为背衬，称作假经重组织。同理，如果是纬纱间隔，则两根相邻的纬纱互为背衬，称作假纬重组织。

假重组织的外观与重组织相似，但它是由一根经纱与一组纬纱交织而成，上机时采用单纬单经轴织造。每根经（或纬）纱既呈现在织物的正面，又出现在织物的背面。故其色纱的使用就得不到重组织正、反面各呈现一种色彩的效果，比较适合于匹染织物。假重组织织物一般密度较大，织物厚实、耐用，表面紧密、细洁、均匀，富有弹性，手感柔软。

一、假经二重组织

假经二重组织的作图方法和步骤如下。

（1）确定基础组织，几乎所有的规则组织均可选用，一般选用较紧密的简单组织，如 $\frac{2}{2}$ 斜纹、$\frac{2}{1}$ 斜纹、复合斜纹、缎纹等。

（2）确定每根经纱使用基础组织的次数n。

（3）确定表、里经纱排列比$a:b$，常用的有$a:b=1:1$或$2:1$。

（4）计算假经二重组织经纱循环数R_j和纬纱循环数R_w。

$$R_j=R_w=n\times J_R(a+b)\pm J_s \tag{2-10}$$

式中：J_R——基础组织经纱循环数；

J_s——基础组织经向飞数。

（5）在R_j和R_w范围内按排列比作基础组织，每画a根空b根，按飞数画下去，直至每根经纱上都有基础组织点，画完一个循环为止。

例1：以 $\frac{2}{2}$ ↗斜纹为基础组织，每根经纱用基础组织一次，即$n=1$，表、里经纱按1：1间隔，绘一假经二重组织。

① 计算经、纬纱循环数。因基础组织的$J_R=4$，$J_s=1$，则$R_j=R_w=n\times J_R(a+b)\pm J_s=1\times4\times(1+1)\pm1=9$或7。

② 确定R_j和R_w的范围。取$R_j=R_w=7$和$R_j=R_w=9$分别作图。

③ 在第1根经纱上填绘 $\frac{2}{2}$ ↗斜纹组织的组织点一次，间隔1根经纱再填绘第2根经纱上的

组织点，依此类推，直至画完一个循环。

图2-16中，（a）为$\frac{2}{2}$╱斜纹基础组织图；（b）为$n=1$，$R_j=R_w=7$的假经二重组织图；（c）为$n=1$，$R_j=R_w=9$的假经二重组织图；（d）为（c）中第1、第2根经纱的经向剖面图。该图显示出，织物正面呈现由奇数经构成的$\frac{2}{3}$斜纹线，以及由偶数经纱构成的$\frac{2}{2}$斜纹线。而且在奇数经斜纹的背面衬着偶数经浮长线，偶数经斜纹背面衬着奇数经的浮长线。这种组织结构可使经纱的密度是纬纱的2倍，经纱充分地挤紧使形成的斜纹丰满、凸出、清晰。

例2： 以经缎为基础组织（即$J_R=5$，$J_s=2$），表、里经纱的间隔$a:b=1:1$，$n=1$或2，绘假经二重组织图。

当$n=1$时，$R_j=R_w=n\times J_R（a+b）\pm J_s=1\times 5\times（1+1）\pm 2=12$或8。

当$n=2$时，$R_j=R_w=n\times J_R（a+b）\pm J_s=2\times 5\times（1+1）\pm 2=22$或18。

图2-16中，（e）为$\frac{5}{2}$经面缎纹基础组织图；（f）为$n=1$，$R_j=R_w=12$的假经二重组织图；（g）为$n=2$，$R_j=R_w=18$的假经二重组织图。

例3： 以$\frac{2}{2}$╱斜纹为基础组织，表、里经纱的间隔$a:b=2:1$，$n=1$，绘假经二重组织图。

$R_j=R_w=n\times J_R（a+b）\pm J_s=1\times 4\times（2+1）\pm 1=13$或11。

图2-16中，（h）和（p）分别为$R_j=R_w=11$和$R_j=R_w=13$构作的以$\frac{2}{2}$斜纹为基础组织，排列比为2:1，$n=1$的假经二重组织图。

更多的假经二重组织实例如图2-16（k）和（r）所示，它们是（i）所示的$\frac{4}{3}$╱斜纹按2:1排列，$n=1$，$R_w=20$和$R_w=22$的假经二重组织。（n）和（s）为（m）所示的以$\frac{3}{3}$方平为基础组织，按1:1排列的$R_j=11$和$R_j=13$的假经二重组织。这些组织的生成规则略有变化，但其最终效果是在织物正面呈现出基础组织效果，背面为经纱长浮。

1:1排列的假经二重组织的经密是纬密的2倍，而2:1排列的假经二重组织织物的经密是纬密的1.5倍。为了形成一个坚牢的背衬，对于浮在背面较长的经浮长可进行接结。如图2-16（n）所示。

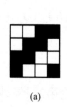

(a)

(b)

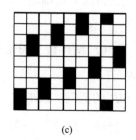

(c)

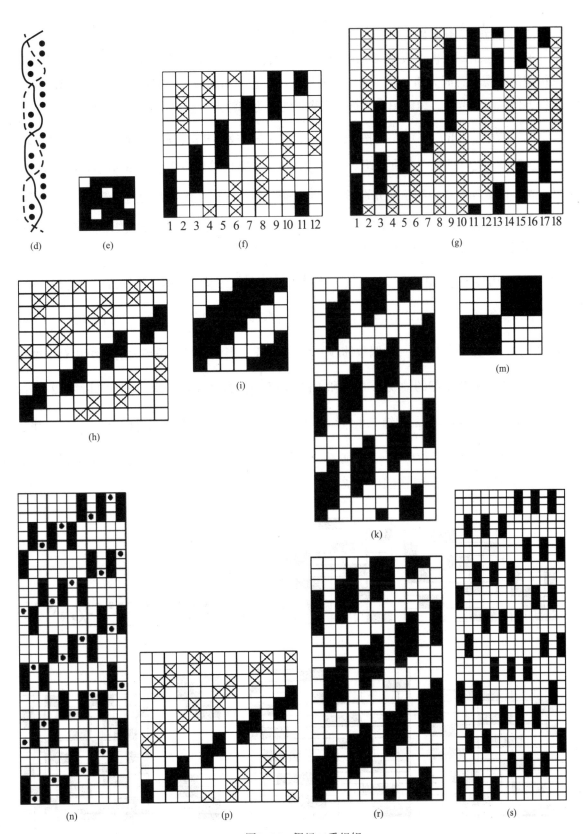

图2-16　假经二重组织

二、假纬二重组织

假纬二重组织可视作假经二重组织旋转90°，经、纬组织点互换而成，其织物正面呈现基础组织的外观，背面为纬长浮。构作方法与假经二重组织相似，但需按纬纱顺序作图。为了绘作方便和醒目起见，组织图中有符号或涂黑的点为纬浮点，空白代表经浮点。

图2-17中，（b）和（c）为按（a）所示的$\frac{2}{2}$ ╱斜纹为基础，$n=1$，纬纱排列比为1:1，$R_j=R_w=7$和$R_j=R_w=9$的假纬二重组织。（d）为（c）中第1、第2根纬纱的纬向剖面图。可以窥见，奇、偶数纬纱在织物正面分别形成的$\frac{3}{2}$和$\frac{2}{2}$斜纹线以及织物背面的纬浮长线。为了使斜纹线坚实凸起，假纬二重组织的纬密约是经密的2倍。织物反面的浮长使织物松软，具有缎纹的效应；但又是重叠在凸起的斜纹下，具有重纬组织的特征。

图2-17中，（e）和（f）是以（g）所示的$\frac{3}{3}$ ╱斜纹为基础组织，纬纱按1:1排列，$n=1$的纬假二重组织。（e）的$R_j=R_w=11$，正面具有奇数纬纱$\frac{3}{3}$和偶数纬纱$\frac{2}{3}$的斜纹线，（f）的$R_j=R_w=13$，具有奇数纬纱$\frac{4}{3}$和偶数纬纱$\frac{3}{3}$的斜纹线。当然，组织循环大的组织相对于循环小的组织，宜采用纤细的纱线。（i）和（j）是以$\frac{2}{2}$斜纹为基础组织，$n=1$，纬纱按2:1排列的$R_j=R_w=11$及$R_j=R_w=13$的假纬二重组织。（k）和（l）是以$\frac{3}{3}$斜纹为基础组织，$n=1$，纬纱按2:1排列的$R_j=R_w=17$及$R_j=R_w=19$的假纬二重组织。（m）和（n）是以（h）所示的$\frac{2}{2}$方平为基础组织构作的假纬二重组织，其$R_j \neq R_w$。

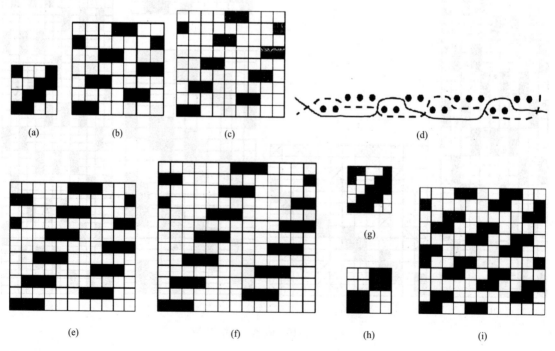

(a)   (b)   (c)   (d)

(e)   (f)   (g)   (h)   (i)

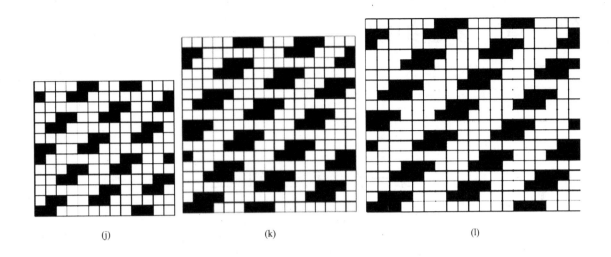

(j)　　　　　　　　　　　(k)　　　　　　　　　　　(l)

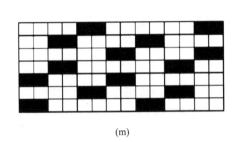

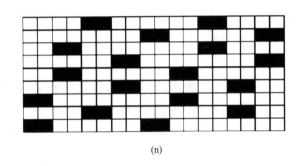

(m)　　　　　　　　　　　　　　　(n)

图2-17　假纬二重组织

☞ **思考题**

1. 某经二重织物，以 $\frac{4}{2}$ 斜纹为表组织，$\frac{1}{3}$ 斜纹为里组织，表、里纬纱排列比为 1：1，试作织物组织图及纵向截面图。

2. 某纬二重织物，以 $\frac{4}{1}$ 为表组织，$\frac{5}{2}$ 纬面缎纹，当排列比为 2：1 时，试作纬二重组织图及纬向截面图。

3. 某纬三重织物，表组织为 $\frac{8}{5}$ 纬面缎纹，中间组织为 $\frac{2}{2}$ 斜纹，里组织为 $\frac{8}{5}$ 经面缎纹，三组纬纱排列比为 1：1：1，试作纬三重组织图及纬向截面图。

4. 假重组织区别于重组织的基本原理和织物特点是什么？

5. 设计纬二重组织时，表、里组织和表、里经纱排列比的选择分别应该遵循哪些原则？

6. 重组织上机时，穿综、穿筘应如何安排？请举例说明。

7. 简述填芯重组织的构成条件，并自行设计一个填芯重组织。

第三章　多层组织

第一节　多层组织概述

双层及多层组织是由两组或两组以上的经纱与两组或两组以上的纬纱分别交织形成相互重叠的上、下两层或多层织物的组织。根据上、下层的相对位置关系，分别称表层和里层。表层的经纱和纬纱成为表经和表纬，里层的经纱和纬纱称为里经和里纬。根据用途的不同，表、里两层可以分离，也可以连接在一起，或表、里两层可以交替交换产生特殊的色彩效应。

一、机织物中应用双层或多层组织的目的
（1）用一般的有梭织机（非圆形的）可制织管状织物；用窄幅织机可生产阔幅织物。
（2）使用两种或两种以上的色纱作为表、里经纱和表、里纬纱，能构成纯色或多色花纹。
（3）表、里层用不同缩率的原料，能织出高花效应的织物。
（4）双层及多层组织能增加织物的重量、厚度和弹性。
（5）表、里层用不同的卷取长度，能织出某些立体效应的织物。

二、多层组织的分类
双层或多层组织的织物种类繁多，根据其上、下层连接方法的不同可分为以下几种。
（1）连接上、下层的两侧构成管状织物。
（2）连接上、下层的一侧构成双幅或多幅织物。
（3）在管状或双幅织物上，加上接结组织，可构成各种袋或管道织物。
（4）根据配色花纹的图案，使表、里两层作相互交换而构成表、里换层织物。
（5）利用各种不同的接结方法，使各层织物紧密地连接在一起，构成接结多层织物。

三、多层组织的应用
双层组织较多地应用在毛织物上，如毛织物中的厚大衣呢及工业用呢的造纸毛毯等。在棉织物中也大量采用，如双层鞋面布，原是采用表、里两层各自分开织造，再行胶合的生产工序，现在可一次织成，这种双层交织鞋面布，既省工又省料。采用双层交织鞋面布还能使鞋的服用性能，如透气性、坚牢度、耐磨性等都有一定程度提高。

双层组织还较广泛地用于制织水龙带、医用人造血管等。

四、双层组织的织造原理及组织结构

双层组织的织物表、里重叠，从织物正反两面分析，都只能观察其中一部分。为了说清楚其构成原理，设想将下层织物移动一定距离，显示在表示织物的孔隙之间，表达出两层结构。图3-1所示为表、里两层组织结构示意图，表经：里经=1∶1，表纬：里纬=1∶1，表层组织与里层组织均为平纹组织。

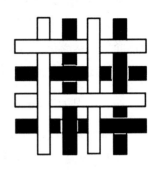

图3-1　双层组织结构示意图

织造双层组织时，按引纬比例依次制织织物的上、下层。织上层时，表经按组织要求分成上、下两层与表纬交织，而里经全部沉于织物下层，和表纬并不交织；织下层时，即里纬投入时，表经纱必须全部提起，里经按组织要求分成上、下两层与里纬进行交织，而表经与里纬并不交织。

图3-2所示是以织物剖面图来说明双层织物的构成原理。图中以空心点表示表经，实线表示表纬；以实心点表示里经，以虚线表示里纬。表、里经纱均为1∶1排列，表、里层组织均为纬重平。图3-2（a）表示第1根表纬织入时的经纱位置，这时表经按组织要求提升一半与表纬交织形成表层组织，所有里经全部下沉，不与表纬发生交织；图3-2（b）表示第1根里纬织入时的经纱位置，这时所有表经全部提升，不与里纬发生交织，而里经按组织要求提升，一般与里纬交织形成里层组织；图3-2（c）（d）表示每一组纬纱分别与各自系统的经纱交织，从而构成互相分离的表、里两层组织。由此可见，制织表、里双层组织的必要条件为：一是投入表纬织表层时，里经必须全部沉在梭口下部，不与表纬交织；二是投入里纬织里层时，表经必须全部提升，不与里纬交织。

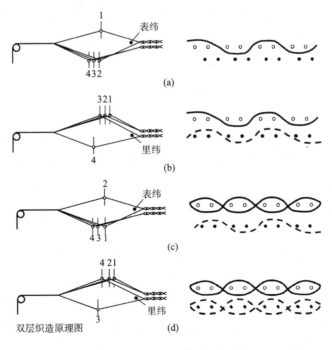

图3-2　双层组织构成原理图

五、制织双层组织织物需确定的首要因素

（1）双层组织中表、里组织的确定，不如二重组织严格。因是两层独立的织物，除不同色泽外，暴露疵点可能性较小，因而表、里两层可用各不相同的组织，但必须使两种组织交织数接近，以免上、下两层织物因缩率不同而影响织物平整。

如表组织为$\frac{2}{2}$方平，里组织为$\frac{2}{2}$斜纹，组织性质就比较接近。但是，如表组织为平纹，里组织为缎纹，则织缩不一，制织就有些困难。

（2）表经与里经的排列比，与采用的经纱线密度、织物的要求有关。如，表经细、里经粗，表、里经排列比可采用2：1；如表、里经线密度相同，一般采用1：1或2：2；又如，织物的正面要求紧密，反面要求稀疏一些，在表、里经采用相同线密度的情况下，表、里经的排列比可采用2：1；若要求织物的正、反面紧密度一致，则表、里经排列比可采用1：1或2：2。

（3）同一组表、里经穿入同一筘齿内，以便表、里经上下重叠。

（4）表、里纬引纬比与纬纱的线密度、色泽和所用织机的类型有关。如表、里纬不同，并在单侧多梭箱织机上织造，引纬比必须是偶数，即二表、二里，或其他偶数比间隔投梭；而在多色纬无梭织机上织造时，则表、里纬引纬比可不受限制。

六、双层组织的组织图描绘次序

（1）确定表、里层的基础组织，分别画出表组织及里组织的组织图。如图3-3（a）（b）所示，表、里组织均为平纹组织。

（2）确定表、里经纬纱排列比，如图3-3所示，表经：里经=1：1，表纬：里纬=1：1。

（3）按经二重组织和纬二重组织，根据组织循环纱线数的计算公式，分别求出经、纬纱线循环数。图3-3中：

$$R_j=2\times(1+1)=4 \qquad (3-1)$$
$$R_w=2\times(1+1)=4 \qquad (3-2)$$

（4）按照表、里经纱的排列比，表、里纬纱的引纬比，决定组织图中表经、里经、表纬、里纬，并分别注上序号。如图3-3（c）所示，图中1，2，……分别表示表经与表纬，Ⅰ，Ⅱ，……分别表示里经与里纬。

（5）把表层组织填入代表表组织的方格中，把里层组织填入代表里组织的方格中，如图3-3（d）所示。

（6）由于是双层织造，织里纬时表经必须全部提起，因此，描绘组织图时要注意，表经与里纬相交织的方格中，必须全部加上特有的经组织点，如图3-3（e）中以符号"▣"所示。这些经组织点是双层织物组织结构的需要。图3-3（e）为双层织造的上机图。

双层组织设计穿综图、纹板图时与单层组织方法相同。穿综时，一般采用表经穿在前页综，里经穿在后页综的分区穿法。

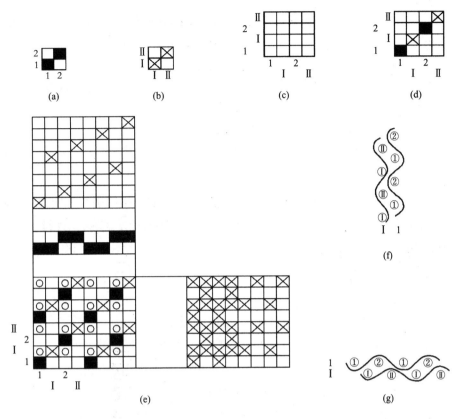

图3-3　双层组织图描绘方法及上机图

第二节　管状组织

　　连接双层织物组织的两边缘处即成管状织物的组织。具体来讲，利用一组纬纱，在分开的表、里两层经纱中，以螺旋形的顺序，相间地自表层投入里层，再自里层投入表层而形成圆筒形空心袋组织，称管状组织。由于要求引入的纬纱是连续的，很显然，管状组织织物只能由有梭织机织造。

　　管状组织可用以制织水龙带、造纸毛毯、圆筒形的过滤布和无缝袋子及人造血管的管坯等织物。

　　管状组织的形成原理如下。

　　首先，管状组织由两组经纱和一组纬纱交织而成，这组纬纱既作表纬又兼作里纬，起着两组纬纱的作用，它往复循环于表、里两层之间。

　　其次，该组织的表、里两层仅在两侧边缘相连接而中间截然分离。

　　最后，表、里两层的经纱呈平行排列，而表、里两层的纬纱呈螺旋形状态。

一、管状织物的设计

（1）管状织物应选用同一组织作为表、里两层的基础组织。在满足织物要求的前提下，为了简化上机工作，基础组织应尽可能选用简单的组织。

管状织物的基础组织可按以下两种情况确定。

① 若要求管状织物折幅处组织连续，则应采用纬向飞数S_w为常数的组织作为基础组织，如平纹、纬重平、斜纹、正则缎纹等均可。

② 如果对管状织物折幅处组织连续的要求不严格，则可采用$\frac{2}{2}$方平、$\frac{2}{2}$破斜纹、$\frac{1}{3}$破斜纹等作为基础组织。

（2）管状组织表、里层经纱的排列比通常为1∶1，且表、里纬引纬比应为1∶1。

（3）制织管状织物，织物的表层和里层的相连处如果要求织物组织连续，则经纱总根数的确定很重要，不能随意增加或减少总经根数，否则，管状织物的两侧边缘组织会遭到破坏。为正确地确定单层壁管状织物的总经根数，可按下列公式进行计算：

$$m_j = R_j Z \pm S_w \tag{3-3}$$

式中：m_j——总经根数；

R_j——基础组织的组织循环经纱数；

Z——表、里层基础组织的个数；

S_w——基础组织的纬向飞数。

例如，用平纹组织作为管状织物的基础组织，其总经根数按上式计算应当是奇数。又如，当基础组织为$\frac{2}{2}$纬重平，以$S_w=2$计算。如是$\frac{5}{3}$纬面缎纹，则以$S_w=3$来计算。

从左向右投第一纬时，S_w取（−）号；从右向左投第一纬时，S_w取（+）号。

（4）管状组织表组织与里组织的配合。当表层组织已经选定，且经纱的总根数也已算出，其里组织可按所选定的表层基础组织和总经纱数，从管状织物的横截面图中加以确定。

图3-4所示是以平纹组织为基础组织的亚麻水龙带管状组织的上机图。图3-4（a）为管状织物表层的纬纱与表层的经纱相交织的组织图；图3-4（b）为管状组织里层的纬纱与里层的经纱相交织的组织图；图3-4（c）为管状织物的上机图。

图3-4（d）为管状织物$m_j=7$的横向截面图。其总经根数$m_j = R_j \times Z - S_w = 2 \times 4 - 1 = 7$根。（为了绘出管状织物的横向截面

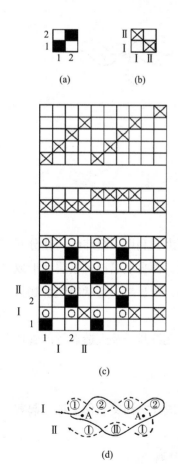

图3-4 管状组织上机图

图，设Z=4）

图3-5是以$\frac{2}{2}$↗斜纹组织为基础的管状组织上机图。

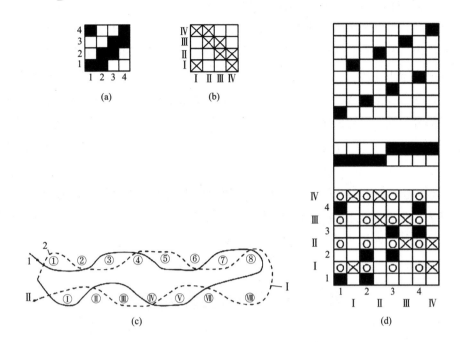

(a)　　　　(b)　　　　　　(c)　　　　(d)

图3-5　以斜纹组织为基础的管状组织上机图

二、管状织物的上机

（1）管状组织的综片数等于表、里层基础组织所需综片数之和。管状组织的穿综方法一般采用顺穿法或分区穿法。如采用分区穿法，则表经纱穿在前区，里经纱穿在后区。

（2）每组表、里经纱应穿入同一筘齿中，在制织时，为防止两边缘处由于纬纱收缩引起经密偏大，可采用下列方法。

轻薄型管状织物可采用逐渐减少边部筘齿穿入数的方法。如中间经纱穿入数为4，则边缘经纱入数应为3、2甚至1，尽可能保持织物的中间和边缘的密度一致，如图3-6所示。

边筘齿　　　　　内经筘齿　　　　　边筘齿

图3-6　管状织物穿筘示意图

为了使中厚型管状织物左右折幅处边缘的经纱密度保持均匀，使管状织物的折幅处平整，则在管状组织边缘的两内侧各采用1根较粗且张力较大的特经线，另用一片综控制升降。特线单独穿在独立的综页内。当投入里纬时，特线在里纬之上；而投入表纬时，特线沉于表纬下面。如图3-4（c）（d）中的特线A。

在管状织物的形成过程中，特线不织入织物内，而是夹在表里层之间。在织物下机时，可以将特线抽出。特线的粗细随管状织物的经纱线密度与密度不同而改变。

如当织物的密度很大，且纱线的线密度较高，经纱张力很大，以及对布的折幅处平整要求较高，而布幅却较狭窄，并且使用特线不能达到要求时，可以用"内撑幅器"来替代特线。"内撑幅器"为一舌状的铁片，其截面与管状织物的内幅相符合，活装在箝上能上下滑动。上机时，"内撑幅器"在表经和里经之间，而在打纬时则能插入管状织物内，以使边缘平整。

（3）管状组织由于表、里经纱屈曲情况相同，因而表、里经纱可以卷绕在同一个经轴上，由于其表、里纬纱也相同，因而只需要一把梭子织造。若应用纬二重组织或两组不同原料作纬纱，则必须用两把梭子并采用专门织机织造。

第三节 双幅及多幅组织

在窄幅织机上生产幅度宽1倍或2倍或多倍的织物，必须以双幅或三幅或多幅组织来织造。制织双幅织物时，使上、下两层织物仅在一侧进行连接，当织物自织机上取下展开时，便获得比上机幅度大1倍或几倍的阔幅织物，便是双幅或多幅组织的织物。这类组织在毛织物中应用较多，如造纸毛毯等。同样，也由于要求引入的纬纱是连续的，双幅或多幅组织织物只能由有梭织机织造。

为保证一侧边缘连续和织物的两边为光边，对双幅组织来说，引纬顺序为第1梭织表层组织，第2、第3梭织里层组织，第4梭织表层组织；对三幅织物来说，引纬顺序为第1梭织表层组织，第2梭织中层组织，第3、第4梭织里层组织，第5梭织中层组织，第6梭织表层组织；依此类推形成各种多幅织物。

图3-7所示为平纹双幅组织图，其中（a）为纬向剖面图，（b）为组织图，组织图中箭头表示第1纬引纬方向。

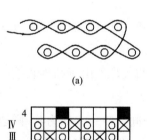

(a)

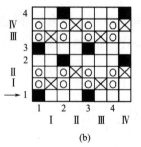

(b)

图3-7 平纹双幅织物组织图

一、双幅组织

1. 双幅组织的设计要点

（1）双幅织物基础组织的选择，主要根据织物的用途和工厂设备情况而定，一般以简单组织如平纹、斜纹、缎纹及方平等组织应用较多。

（2）双幅织物表、里经纱排列比可采用1：1或2：2，其中以1：1较好。其表、里纬纱排列比必须是2：2。

（3）双幅织物组织循环经纱数与组织循环纬纱数，取决于织物的层数、基础组织的组织循环纱线数及基础组织的复杂程度（不仅采用简单组织，也有采用经二重、纬二重、双层接结组织等）。

（4）双幅织物组织图的描绘方法，除了纬纱的投入次序与双层组织不同之外，其余均与双层织物相同。如图3-8所示双幅织物组织图（基础组织为平纹组织），（a）为组织图与穿综图，（b）为横截面图。

图中的A与B是织双幅织物的特有经线。A为特线，它比布身的经纱粗，用以改善折幅处的织物外观，不与纬纱交织。B为缝线，用以将织机上、下两层织物缝在一起，使织物在织机上平整，下机后缝线需拆掉，不妨碍布幅的展开。

图3-9为某双幅织织物。表、里经纱排列比为1：1，上机时左侧连接，右侧有布边，第一纬自右向左投入；表、里纬纱的引纬次序为里1、表2、里1。图3-9（a）为织物组织图，图3-9（b）为穿综、穿筘图。为了防止上、下层连接处（即折幅处）幅度收缩后经纱过密，采用在织物连接处减少每筘齿内的经纱穿入数及采用线密度较高的特线，并空一个筘齿。

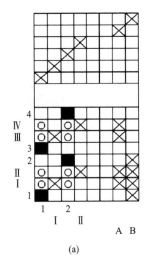
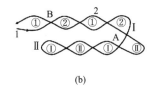

图3-8　双幅织物组织图

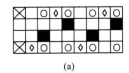

(a)

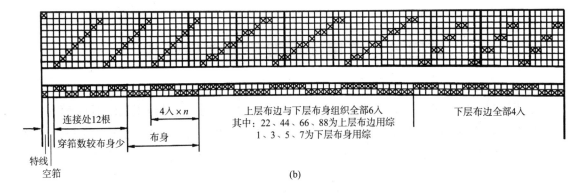

图3-9　一种双幅织物的组织图与穿综图

2. 双幅织物的上机要点

（1）双幅织物上、下两层所用的纱线原料、线密度、织物组织等均应相同，因此，可以应用单只织轴进行织造。

（2）双幅织物织造时，采用一只梭子或多只梭子均可。

（3）穿综可以采取分区穿法或顺穿法，分区穿法经纱的张力较为均匀。

二、三幅组织

为了保证在织物折幅处组织点连续，引纬顺序应为1表、1中、2里、1中、1表。织物横截面示意图及组织图如图3-10所示。在折幅处加有特线，如图3-10（c）中A、B所示。

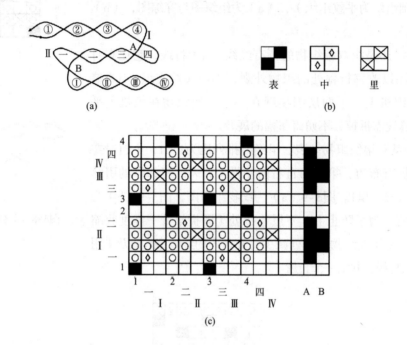

图3-10　三幅组织

第四节　表里换层双层及多层组织

表里换层双层及多层组织的制织原理与一般双层组织相同，这种组织仅以不同色泽的表经与里经、表纬与里纬，沿着织物的花纹轮廓处交换表、里两层的位置，使织物正反两面利用色纱交替织造，形成花纹，同时，将双层或多层织物连接成一个整体。

图3-11所示是双层表里换层及连接成一体的示意图。

表里换层组织表里经纬纱的线密度、原料、颜色等均可不一。因此，如各种因素配合恰当，则可织出各种花式的服用或装饰织物。在大提花织物中，表里换层双层及多层组织应用较多。图3-12为不同色纱表里交换外观效果图。

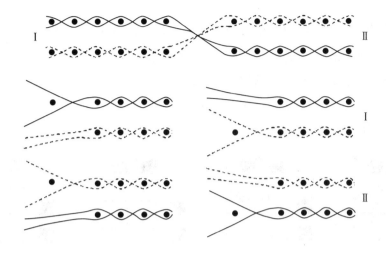

图3-11　双层表里换层示意图

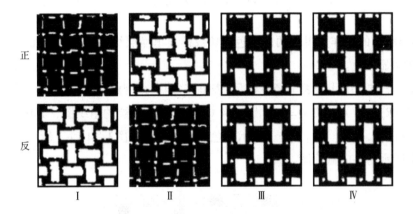

正

反

I　　　II　　　III　　　IV

图3-12　表里交换外观效果示意图

一、表里换层组织的设计

（1）先设计纹样图。

（2）选定表里组织的基础组织。一般采用简单的组织作为表里换层织物的基础组织，这样可以少用综，便于上机。常用的基础组织有平纹、$\frac{2}{2}$斜纹及$\frac{2}{2}$方平等组织。

（3）为了使织物表面能形成不同色彩的花纹，每层经纱与纬纱应配以不同的颜色，若表经与表纬为一种颜色，则里经与里纬为另一种颜色，当表经与表纬交织时显一种颜色，则里经与里纬交织时便显另一种颜色，而表经与里纬、里经与表纬交织时又显一种混色，故表里换层组织可织出多种颜色的花纹。双层表里换层组织的经纬纱排列比可采用1∶1、2∶2或2∶1等。

（4）确定一个花纹循环的经纬纱数，应是基础组织的组织循环经纬纱数的整数倍。

（5）描绘组织图时，在纹样中显甲色的部分填入显甲色的组织，显乙色的部分填入显乙色的组织等。

如果经纬纱的颜色排列比为1∶1，表里组织为$\frac{1}{1}$平纹，则显色组织（由表经和表纬在织物表层上所显现颜色的组织）如图3-13所示，图中"■"表示表层组织点，"⊠"表示里层组织点。图3-13（a）所示为甲经甲纬构成表层，显甲色；图3-13（b）所示为乙经乙纬构成表层，显乙色；图3-13（c）所示为乙经甲纬构成表层，显乙甲色；图3-13（d）所示为甲经乙纬构成表层，显甲乙色。

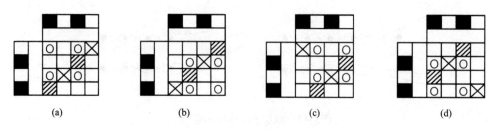

（a）   （b）   （c）   （d）

图3-13　表里换层的显色组织

如图3-14所示的纹样为甲乙两色换色方块纹样表里换层组织，图3-14（a）所示为方块A显甲色，方块B显乙色。

A或B每一正方形中代表表里经各4根、表里纬各4根，因此，在一个花纹循环中，组织循环纱线数：$R_j=R_w=2\times（4\times2）=16$。图3-14（b）所示为填绘的组织图，其中1，2，3……表示甲色经或甲色纬，Ⅰ，Ⅱ，Ⅲ……表示乙色经或乙色纬；图3-14（c）所示为经向截面图；图3-14（d）所示为纬向截面图。

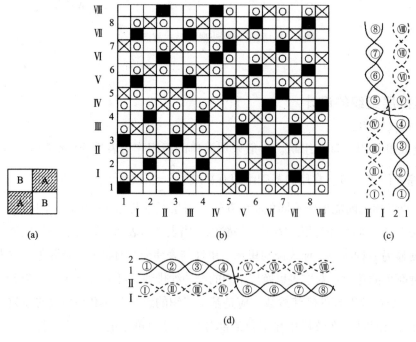

图3-14　方块纹样表里换层组织

又如，某织物纹样和织物组织如图3-15所示，各部分所呈现的颜色如图中所注。其色经排列为：灰16，然后灰2、白2相间重复3次；色纬排列为：灰16，然后灰2、白2相间重复2次，如图3-15（a）所示。

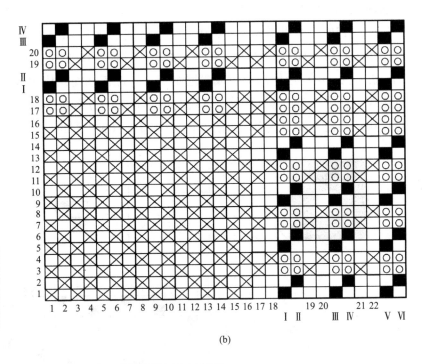

| III 双层 表：灰白色 里：灰色 | IV 双层 表：白色 里：灰色 |
| I 单层 灰色 | II 双层 表：白灰色 里：灰色 |

(a)

(b)

图3-15 表里换层纹样图和组织图

第 I 部分：灰经灰纬成单层平纹组织。

第 II 部分：白经灰纬作表层组织，织物正面成白灰色；灰经灰纬作里层组织，织物反面成灰色。

第 III 部分：灰经白纬作表层组织，织物正面成灰白色；灰经灰纬作里层组织，织物反面成灰色。

第 IV 部分：白经白纬作表层组织，织物正面成白色；灰经灰纬作里层组织，织物反面成灰色。

表里换层组织在服用、装饰用纺织品中应用较多。常见的毛织物中的"牙签条"就是采用表里换层组织。"牙签条"的形成原理：不同捻向的纱线相间排列，利用其在织物表面反光的不同，形成隐条效果，采用表里换层组织，在织物表面形成隐条和细沟纹。"牙签条"组织图如图3-16（a）所示，这种织物是以平纹组织为基础组织进行表里层交换。图3-16（b）为横截面图。

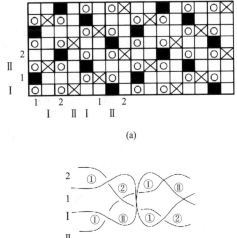

图3-16 牙签条组织织物

经纬纱均采用两种不同捻向的纱，经纱1、经纱2与纬纱Ⅰ、纬纱Ⅱ捻向相同，均为Z×S，称甲纱；经纱Ⅰ、经纱Ⅱ与纬纱1、纬纱2捻向相同，均为S×Z，称乙纱。

经纱排列为1甲、1乙、1甲、1乙、1乙、1甲、1乙、1甲；纬纱排列为1甲、1乙。在织物的表面形成隐条效应。

图3-17所示是以平纹为表、中、里三层的基础组织，经、纬纱分别采用甲、乙、丙三种颜色的纱线，排列比均为1∶1∶1，按条子纹样构作的表、里换层三层组织图。纹样中，A区显甲色，由甲经甲纬交织成表层组织，乙经乙纬交织成中层组织，丙经丙纬交织成里层组织，在甲经与乙纬、丙纬，乙经与丙纬相交的方格内，填入提升符号"▣"；B区显乙色，由乙经乙纬交织成表层组织，丙经丙纬交织成中层组织，甲经甲纬交织成里层组织，

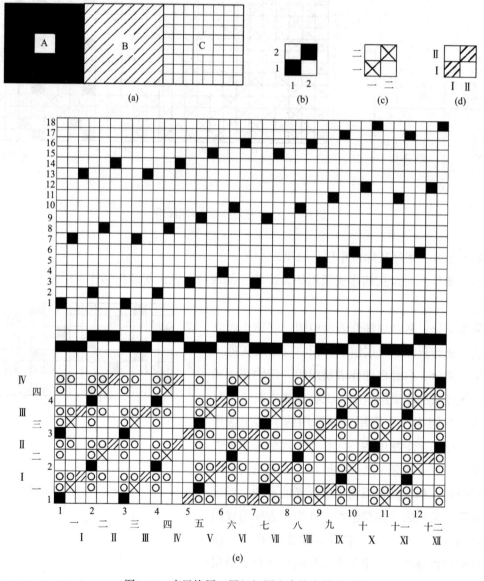

图3-17　表里换层三层组织图和穿综穿筘图

在乙经与丙纬、甲纬，丙经和甲纬相交的方格内填入提升符号"回"；C区显丙色，由丙经丙纬交织成表层组织，甲经甲纬交织成中层组织，乙经乙纬交织成里层组织，在丙经与甲纬、乙纬，甲经与乙纬相交的方格内填入提升符号"回"。图3-17（a）所示为纹样图，图3-17（b）所示为表层组织图，图3-17（c）所示为中层组织图，图3-17（d）所示为里层组织图，图3-17（e）所示为表里换层三层组织图和穿综穿筘图。

二、表里换层组织的上机

表里换层双层或多层组织上机时，各组经纱因表里交换，应尽量设计为表里经纱缩率一致，采用单经轴制织；各组纬纱采用不同的颜色与原料等，必须用多梭箱或多色纬织机制织。上机图中，应采用分区穿综法，每一组经纱分别穿入一个区的综片内，各区的综片数由各层的基础组织和花纹情况来定，如图3-17所示。

第五节　接结双层及多层组织

依靠各种方法，使上、下分离的表、里两层或多层之间连成一个整体的双层及多层组织称为接结双层及多层组织。织物一般表层要求高，里层要求比较低，故表层常配以品质优良、线密度较小的原料，以改善织物的外观。而里层有时仅作为增加织物重量、厚度之用，故可采用品质较差、线密度较大的原料。在大提花织物中，表、里接结双层组织常作为织物的地组织，花组织则采用空心袋组织，这样，可使地部平挺，花纹凸起，产生浮雕感。

这种组织在毛、棉织物中应用较广，一般常用它制织厚呢或厚重的精梳毛织物、家具织物及鞋面布等。

一、接结方法的分类

（1）在织表层时，里经提起与表纬交织，构成接结，称为下接上法或称里经接结法。

（2）在织里层时，表经下降与里纬交织，构成接结，称为上接下法或称表经接结法。

（3）在织表层时，里经提起与表纬交织，同时，在织里层时，表经下降与里纬交织，共同构成织物的接结，这种接结方法称为联合接结法。

（4）在表经纱和里经纱之间，另用一种经纱与表里纬纱上下交织，把两层织物连接起来，这种接结方法称为接结经接结法。

（5）在表纬纱和里纬纱之间，另用一种纬纱与表里经纱上下交织，把两层织物连接起来，这种接结方法称为接结纬接结法。

前三种接结法，是利用表里层自身经纬纱接结的，统称为自身接结法，后两种接结法需用附加经纱和纬纱，统称为附加线接结法或接结纱接结法。

上述五种接结方法中，下接上法和上接下法，由于用里经或表经自身接结，表层和里层接结，故经纱屈曲较大，张力大，两种经纱缩率不同，容易影响织物外观，甚至使织物不平整，在表里层颜色不同时，若接结不妥会产生漏底现象。目前，生产中以采用下接上法为多。

二、接结方法的选择

如果表层组织为经面组织，为了有利于接结点的遮盖，优先选用里经接结法。同理，如果表层组织为纬面组织，为了有利于接结点的遮盖，选用表经接结法比较合适。如果表层组织为同面组织，通常选用里经接结法为好，因为在一般情况下，经纱比纬纱细且牢度好，里经接结点易被表层经纱遮盖，接结也比较牢固。

采用联合接结法的目的在于增加接结牢度，在其他条件相同的情况下，表、里经纱的张力将趋于一致，可采用一个经轴制织。

附加线接结法，一般用在表层的经、纬纱线密度小而里层经、纬纱的线密度大，或表、里层经、纬纱颜色相差悬殊的织物。此时若采用自身接结法，由于表、里层经、纬纱线密度和颜色的差别，将不利于接结点的遮盖。采用的附加线应细而坚牢，其色泽与表层的经、纬纱颜色相近，附加线接结法比自身接结法牢固，且织物外观比较丰满，但生产工艺复杂。

当采用接结经接结法或接结纬接结法时，用纱量增加，并且接结经接结法的接结经来往于两层之间，张力较大，织造时常用两只织轴，所以较少采用。

三、表、里层组织的选择

接结双层组织的表、里基础组织的选择可相同，也可不同，大多采用原组织或变化组织。

当表层和里层的组织不相同时，则首先确定表层的组织，然后根据织物要求再确定里层的组织。

通常，确定里层组织时应考虑表、里层经、纬纱的排列比。当表、里层经、纬纱的排列比相同时，表、里层通常采用相同或交织数相近的组织，使表、里两层松紧程度大致相同，以利于织物平整；当表、里层经、纬的排列比不等时，一般表层经、纬纱多于里层，为避免里层经、纬纱数少于表层而产生结构疏松的弊病，可选择里层组织的经、纬纱交织数多于表层，以使表、里两层结构松紧程度趋于一致，从而达到织物平整的要求。

选择表、里层基础组织时，还应考虑原料的因素。对于细而柔软的桑蚕丝织物，为提高织物身骨，表、里基础组织一般选用平纹；对于其他较粗、较硬的原料，除采用平纹外也可采用斜纹或缎纹组织。

四、表、里层经、纬纱排列比的确定

表、里层经、纬纱排列比的确定，应考虑织物的用途、织物表里层的组织、纱线原料、线密度和经纬纱的密度等；经、纬纱排列比还应考虑梭箱的多少；对要求有高花效应的织物，选择排列比时，应有利于产生收缩作用等因素。若表、里层织物的组织及原料相同时，则表、里层经、纬纱常用的排列比可选用1：1；如果里层织物是用于增加织物的厚度和重量，且里层经、纬纱采用品级较低、线密度较大的原料，如黏胶纤维纱、棉纱等，这时，表、里层经、纬纱的排列比可选用2：1。对于单面双梭箱织机，则表、里层纬纱排列比可相应变化为2：2或4：2。另外，还应考虑经、纬原料组合，经、纬向张力平衡及组织表、里效应等因素。因此，表、里层经、纬纱也可取不同的排列比，如经纱排列比采用1：1，纬纱排列比采用2：1或经纱排列比采用2：1，纬纱排列比采用1：1；经纱排列比采用3：1或4：1，纬纱排列比采用1：1或2：1。

五、接结点配置原则

除表、里组织外，尚需确定接结点组织，选择接结点组织时，要求表、里两层结合牢固，且接结点不能露于织物表面，因而必须做到接结点分布均匀。接结点分布的部位，对织物正面而言，如接结点是经组织点，则应位于表经长浮线之间；如接结点是纬组织点，则应在表纬长浮线之间。如表组织为斜纹一类有方向性的组织，接结点分布方向应与表组织的斜纹方向一致。

六、接结双层或多层组织经、纬纱循环数的确定

接结双层组织的组织循环经纱数R_j及组织循环纬纱数R_w的确定，是根据表、里两层基础组织的组织循环经纱数、纬纱数与表、里层经、纬纱的排列比而计算的。计算方法可参照求经纬二重织物的组织循环纱线数的计算方法（此法不适用接结经双层组织及接结纬双层组织。因为接结经双层组织的R_j还需加上接结经数值，接结纬双层组织的R_w还需加上接结纬数值）。

当表层组织循环数为R_m，里层组织循环数为R_n，接结组织循环数为R_g，表、里层经、纬排列比均为$m：n$时，表里接结双层的经、纬纱循环数计算公式如下：

$$R = \left(\frac{R_m 和 R_g 与 m 的最小公倍数}{m} 与 \frac{R_n 和 R_g 与 n 的最小公倍数}{n} 的最小公倍数 \right) \times (m+n) \quad (3\text{-}4)$$

或表示为：

$$R = \left[\frac{[R_m, R_g, m]}{m}, \frac{[R_n, R_g, n]}{n} \right] \cdot (m+n) \quad (3\text{-}5)$$

对三层及三层以上的多层组织依此类推，计算其经、纬纱循环数。

七、各种接结双层及多层组织
（一）下接上法接结双层组织

现以双层交织鞋面布为例说明下接上法接结双层组织的组织图描绘方法。

双层交织鞋面布以$\frac{2}{2}$方平为表组织，$\frac{2}{2}$斜纹为里组织，经纱排列比为表：里=1：1，引纬次序为里1、表2、里1。如图3-18（a）（b）所示。

（1）根据表里基础组织及表、里经纬纱的排列比，求得双层组织的组织循环经纬纱数 $R_j=R_w=4×2=8$。

（2）在8经8纬的范围内，分别标出经纬序数，以1，2，3，4……表示表经、表纬，以Ⅰ，Ⅱ，Ⅲ，Ⅳ……表示里经、里纬，如图3-18（c）所示。

（3）表经、表纬交织处填绘表组织以符号"■"表示，里经、里纬交织处填绘里组织以符号"⊠"表示。并且绘出投入里纬时，所有表经纱都要提起，形成双层组织，如图3-18（e）中符号"⊡"所示。

（4）图3-18（d）中符号"△"表示投入表纬时里经提起，即表纬与里经交织，把两层织物连接起来，所绘得的组织图为图3-18（e）。图3-18（f）为经向截面图，图3-18（g）为纬向截面图。

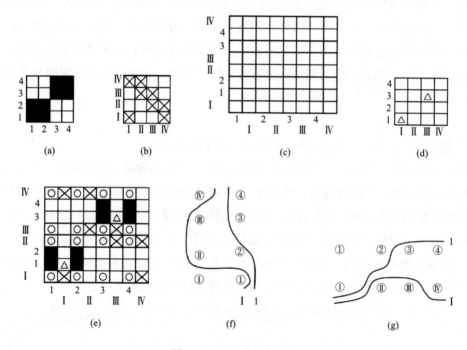

图3-18 双层交织鞋面布

图3-19所示为双层毛呢的组织图。图3-19（a）为表层的基础组织 $\frac{2}{1}$ ↗；图3-19（b）为里层的基础组织 $\frac{1}{2}$ ↗；图3-19（c）为接结组织采用"下接上法"；图3-19（d）为组织图与穿综图；图3-19（e）为该组织的经向截面图；图3-19（f）为该组织的纬向截面图。

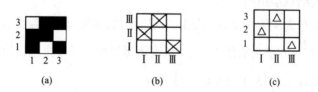

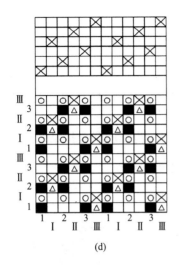
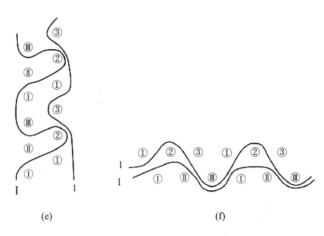

(d)   (e)   (f)

图3-19　双层毛呢组织图

（二）上接下法接结双层组织

图3-20所示为上接下法接结双层组织。图3-20中（a）为表层组织，（b）为里层组织，（c）为接结组织，图中符号"◺"表示投入里纬时表经不提起，即表示表经的取消点，故纹板图中没有填绘此种组织点，（d）为上机图，（e）为该组织的经向截面图，（f）为该组织的纬向截面图。

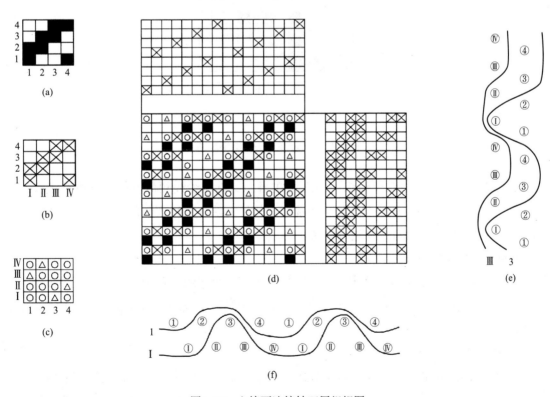

图3-20　上接下法接结双层组织图

（三）联合接结法双层组织

这种组织是同时用上接下法和下接上法两种接结方式构成，即将里经与表纬接结的同时，又将表经与里纬接结。接结点要求分布均匀。

图3-21所示为同时采用表经接结法与里经接结法，以$\frac{3}{3}$斜纹为表、里层基础组织，表、里层经、纬纱排列比均为1:1，接结组织分别为$\frac{1}{5}$斜纹和$\frac{5}{1}$斜纹构作的联合接结双层组织图。图3-21中（a）为表层组织，（b）为里层组织，（c）为里经接结组织，（d）为表经接结组织，（e）为构作的联合接结双层组织。

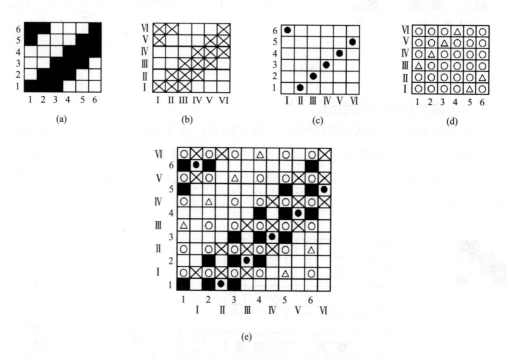

图3-21　联合接结法双层组织图

接结经法与接结纬法双层组织，仅应用在当表、里层纱线颜色不同，且色差很大，或织物的里层用线密度高的纱线时，如采用前述的接结方法，织物表面的外观将受到损害，所以，特设一种经线或纬线对织物进行接结。

（四）接结线接结双层组织

采用接结线接结双层组织要求接结经或接结纬在一个组织循环中与上下两层纬（经）纱交织，将两层连接在一起，不显露在织物正反面。接结经（或纬）的根数在一个组织循环中至少要比表、里纱线少一半。

1. 接结经法

在表、里经之间再加入一个系统的经纱，分别与表、里纬上下交织，连接上下两层。接结经在表纬之上、里纬之下进行接结。接结经和表、里经的排列比，根据组织的性质与织物的密度而定，通常接结经的密度小于表、里经纱的密度。

接结经纱因与上下两层交织，屈曲度大，因此，在织造时需用双织轴；由于接结点不显露在织物正反面，接结点配置时应遵循的原则是：接结经与表纬的接结点（经组织点）应配置在左右两表经浮长线之间；与里纬的接结点（纬组织点）宜配置在左右两根里经在反面的经浮长线之间，从正面看为连续的纬组织点。此外，由于接结经的沉浮规律与基础组织不一样，接结经接结组织上机时要求的综框页数会比较多。

图3-22所示为接结经法接结双层组织。表组织为$\frac{2}{2}$↗，里组织为$\frac{1}{3}$↗，经纱排列顺序为1表、1里、1接结经，纬纱排列顺序为1表、1里。

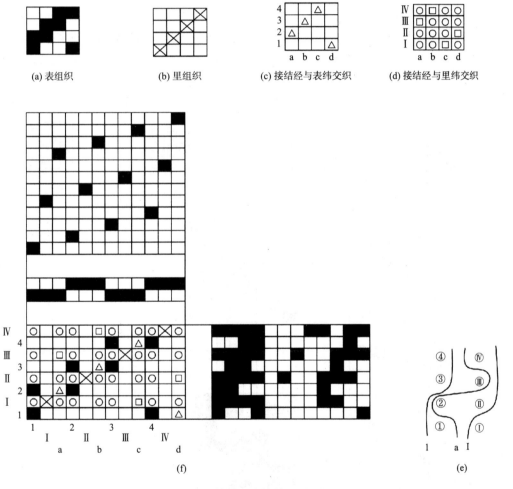

(a) 表组织　　(b) 里组织　　(c) 接结经与表纬交织　　(d) 接结经与里纬交织

图3-22　接结经法接结双层组织

2. 接结纬法

采用接结纬法接结时，双层织物为两组经纱（表经、里经）与三组纬纱（表纬、里纬、接结纬）交织，即在表、里纬之间再加入一个系统的纬纱，分别与表、里经上下交织，连接上下两层。接结纬在表经之上、里经之下接结。接结纬和表、里纬的排列比，根据组织的性质与织物的密度而定，通常接结纬的密度小于表、里纬纱的密度。

接结纬纱因与上下两层交织，屈曲度大，因此，在有梭织造时需用多加一把梭子，而多色纬无梭织机只需简单换纬即可。由于接结点不显露在织物正反面，接结点配置时应遵循的原则是：接结纬与表经的接结点（纬组织点）应配置在上下两表纬浮长线之间；与里经的接结点（经组织点）宜配置在上下两根里纬在反面的纬浮长线之间，从正面看上下里纬宜为经组织点。

图3-23所示为以正、反4枚变则纹分别为表、里层基础组织，表经：里经=1:1，表纬：里纬：接结纬=1:1:1构作的接结纬法接结双层组织图。接结纬以一、二、三、四……标出。在接结纬与表、里经接结时，接结纬浮于表经之上而沉于里经之下，与表经交织为纬浮点，用"△"表示；与里经交织为经浮点，用"●"表示；不进行接结时，接结纬位于上下层组织之间，在接结纬与表经相交的方格内填入符号"○"，表示织入接结纬时表经提升。图3-23中（a）为表层组织，（b）为里层组织，（c）为表经与接结纬接结组织，（d）为里经与接结纬接结组织，（e）为接结纬接结双层组织上机，（f）为第1根表纬与第I根里纬、第一根接结纬的纬向剖面图。

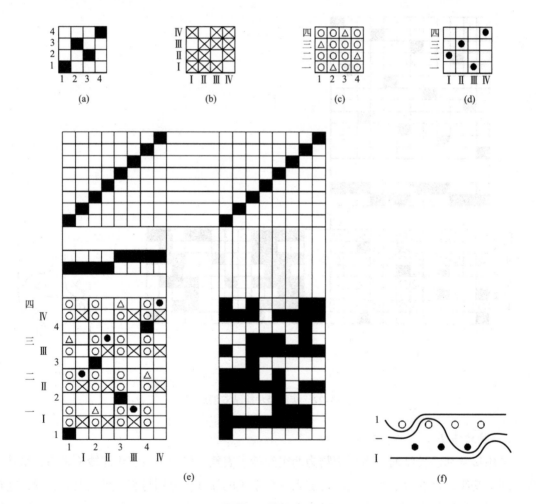

图3-23　接结纬法接结双层组织图

（五）填芯接结双层组织

填芯接结双层组织是为了增加织物的厚度、弹性，使织物表面花纹隆起而富有立体效果，在表、里两层织物之间填入芯线构作的接结双层组织。一般表、里两层的连接仍采用自身接结法，由于芯线在织物表面看不见，可采用较粗的低档原料，从而达到降低成本的目的。

填芯接结双层组织可分为填芯经接结双层组织和填芯纬接结双层组织两种。填芯经接结双层组织由表经、里经、填芯经三组经纱与表纬、里纬两组纬纱交织构成；填芯纬接结双层组织由表经、里经两组经纱与表纬、里纬、填芯纬三组纬纱交织构成。填芯线与表、里纱线的排列比常用1：1：1或1：2：2，前者用于填芯线与表、里纱线相比线密度相差并不很大的场合，后者用于线密度相差较大的场合。

图3-24所示是以正、反4枚变则缎纹为表、里层基础组织，采用里经4枚变则缎纹接结，表经：里经=1：1，表纬：里纬：填芯纬=1：1：1构作的填芯纬接结双层组织图。填芯纬以一、二、三、四……标出，配置在上下层组织之间，在其与表经相交的方格内填入符号"\"，表示织入填芯纬时表经提升。图3-24中，（a）为表层组织，（b）为里层组织，（c）为里经接结组织，（d）为填芯纬接结双层组织上机图，（e）为经向剖面图，（f）为纬向剖面图。

图3-25所示是以 $\frac{3}{3}$ 斜纹为表层组织、$\frac{1}{2}$ 斜纹为里层组织，采用里经接结法，表经：里经：填芯经=2：1：1，表纬：里纬=2：1构作的填芯经接结双层组织图。填芯经以一、二、

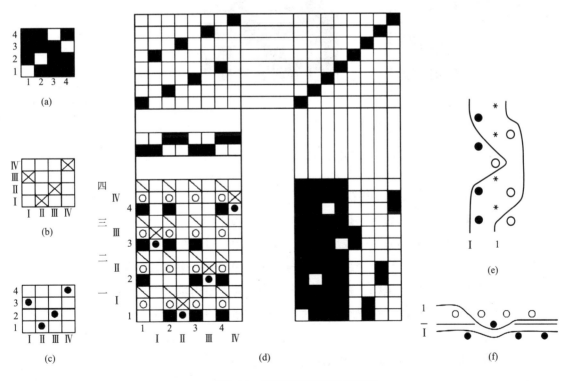

图3-24　填芯纬接结双层组织图

三……标出，配置在上下层组织之间，在其与里纬相交的方格内填入符号"\\"，表示织入里纬时填芯经提升。图3-25中，（a）为表层组织，（b）为里层组织，（c）为里经接结组织，（d）为填芯经接结双层组织上机图，（e）为经向剖面图，（f）为纬向剖面图。

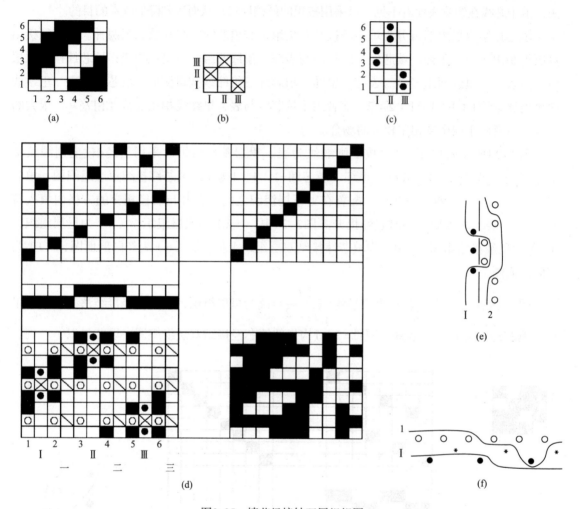

图3-25 填芯经接结双层组织图

（六）接结三层或三层以上组织

对于三层或三层以上的表、里接结多层组织，在构作时，其经、纬组织循环数等于每层基础组织循环数的最小公倍数（指表层组织、里层组织、接结组织的最小公倍数）乘以排列比之和。以三层组织为例，在一个组织循环内用阿拉伯数字、中文数字和罗马数字等分别标出表、中、里经和表、中、里纬，在表经与表纬相交的方格内填绘里层组织；在中经和中纬相交的方格内填绘中层组织；在里经和里纬相交的方格内填绘里层组织；在表经与中纬和里纬、中经与里纬相交的方格内填入符号"▣"；根据接结组织的接结点类别在相应的方格内填入符号"●"和"◪"，形成三层接结双层组织上机图。

图3-26所示是以平纹为表、中、里层基础组织，采用里接中、中接表8枚缎纹接结，

表、中、里三层经、纬纱排列比均为1：1：1构作的三层接结组织图。图3-26中，（a）为中经接表纬接结组织，（b）为里经接中纬接结组织，（c）为三层接结组织的上机图，（d）为经向剖面图。

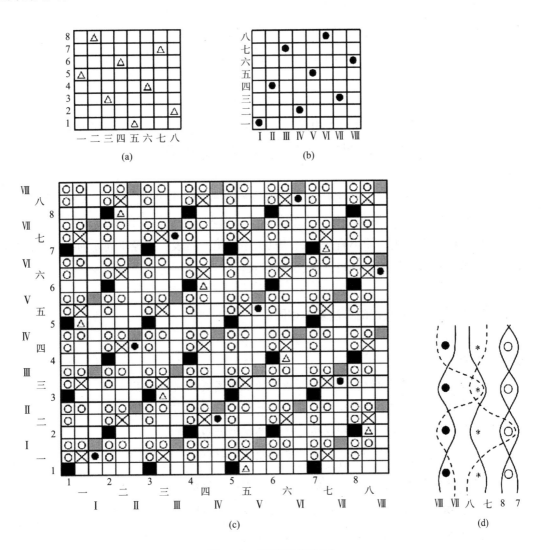

图3-26　三层接结组织图

八、接结双层或多层组织的上机

1. 经轴

　　若表、里层组织相同或交织次数接近，且表、里层经、纬采用相同原料，并同时采用联合接结法，那么，织造时表、里经纱的缩率将一致，这时可采用单经轴制织。如果表、里层采用不同的组织，或表、里层经纱的交织次数相差较大，那么，织造时表、里经纱的缩率将不同，这时表、里经应分别卷在两只织轴上，否则会影响织物的手感，并使织造发生困难。

对于接结经接结，由于接结经的屈曲程度要比表、里经的屈曲程度大得多，因此，接结经一般需另卷一个经轴。

2. 多色纬

对于有梭织造，若表、里纬纱相同，可采用单梭箱制织；若表、里纬纱采用不同原料或不同颜色时，必须在多梭箱织机上制织。对于接结纬接结，由于接结纬的屈曲程度比表、里纬大，且与一般的表、里纬不同，因此，也需采用多梭箱装置。对于无梭织造，采用多色纬装置就可以解决上述问题。

3. 穿综

双层组织的穿综基本与重经组织相同，一般提升次数较多的一组经纱穿入前区，另一组则穿入后区。所需综框数与表、里层基础组织及接结组织循环数有关。

4. 穿筘

筘齿穿入数主要与经纱排列比有关，一般以一个或两个排列比之和穿入一个筘齿。当表、里经排列比为1∶1时，则每筘齿穿入2根或4根；当表、里经排列比为2∶1时，并按表1、里1、表1次序穿入1个筘齿，而不宜按表2、里1次序穿筘；当表、里经排列比为4∶1时，则每筘齿穿入5根或10根，并按表2、里1、表2次序穿入。

5. 纹板图

纹板图的作法与一般组织的作法基本相同。

👉 思考题

1. 以平纹组织为基础组织，试作管状织物的上机图及纬向截面图。
2. 简述为保证管状织物顺利织造，在上机过程中应当注意的问题。
3. 接结双层织物有哪几种接结方法？接结点分别如何配置？
4. 某双层织物，表组织为$\frac{2}{2}$斜纹，里组织为$\frac{1}{3}$斜纹，表、里层经、纬纱排列比均为1∶1，采用"下接上法"接结双层组织，试作该织物组织图。
5. 某双层织物，表组织为$\frac{3}{3}$斜纹，里组织为$\frac{2}{1}$斜纹，表、里层经、纬纱排列比均为2∶1，采用"上接上法"接结双层组织，试作该织物组织图。
6. 自选基础组织，设计一个三幅织物，绘制其上机图及纬向截面图。
7. 表里层组织均为五枚缎纹，表、里层经、纬纱排列比均为1∶1，试绘制表里换层织物组织图。

第四章 起毛组织

第一节 纬起毛组织

利用特殊的织物组织和整理加工，使部分纬纱被切断而在织物表面形成毛绒的织物称为纬起毛织物。这类织物一般是由一个系统经纱和两个系统纬纱构成的。两个系统的纬纱在织物中具有不同的作用。其中一个系统的纬纱与经纱交织形成固结毛绒和决定织物坚牢度的地布，这种纬纱称为地纬；另一个系统的纬纱也与经纱交织，但以其纬浮长线被覆于织物的表面，而在割绒（或称开毛）工序中，其纬纱的浮长部分被割开，然后经过一定的整理加工形成毛绒，这种纬纱称为毛纬（也称绒纬）。绒纬起毛方法有两种。

一是开毛法，利用割绒机将绒坯上绒纬的浮长线割断，然后使绒纬的捻度退尽，使纤维在织物表面形成耸立的毛绒。灯芯绒、纬平绒织物是利用开毛法形成毛绒的。

二是拉绒法，将绒坯覆于回转的拉毛滚筒上，使绒坯与拉毛滚筒做相对运动，而将绒纬中的纤维逐渐拉出，直至绒纬被拉断为止。拷花呢织物是利用拉绒法起毛的。

纬起毛织物根据其外形分，常见的有灯芯绒、花式灯芯绒（提花灯芯绒）、纬平绒和拷花呢等。

一、灯芯绒织物

灯芯绒（又称条子绒），具有手感柔软、绒条圆润、纹路清晰、绒毛丰满的特点。由于穿着时大都是绒毛部分与外界接触，地组织很少磨损，所以，坚牢度比一般棉织物有显著提高。这种织物由于其固有的特点、色泽和花型的配合，外表美观大方，成为男女老少在春、秋、冬三季均适用的大众化棉织物，可制成衣、裤、帽、鞋等，用途广泛。灯芯绒绒条的宽度见表4-1。

表4-1 灯芯绒绒条的宽度

名称	特细条	细条	中条	粗条	阔条
宽度/mm	<1.25	1.25~2	2~3	3~4	>4

1. 灯芯绒织物构成的原理

图4-1所示为灯芯绒的结构图。地纬1、地纬2与经纱以平纹组织交织成地布，在一根地

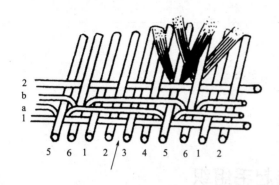

图4-1 灯芯绒织物的结构图

纬织入后，织两根毛纬a、b，毛纬的浮长如图中所示为五个纬组织点，毛纬与5、6两根经纱（称压绒经或绒经）交织，毛纬与绒经的交织处称为绒根。

割绒时，由2、3经纱之间进刀把纬纱割断，经刷绒整理后，绒毛耸立，呈条状排列在织物表面。

图4-2所示为灯芯绒割绒的原理示意图，图中的圆刀按箭头方向旋转。未割坯布按箭头方向向前运行，导针插入坯布长纬浮线之下，并间歇向前运动。这时导针起以下三个作用。

（1）把长纬浮长线挑起，绷紧。

（2）形成割绒刀槽。

（3）使刀处于刀槽中间。

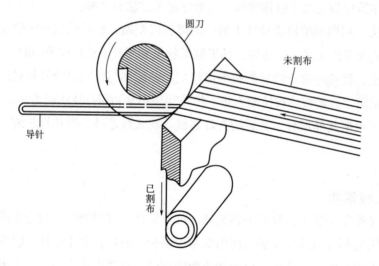

图4-2 灯芯绒割绒原理图

2. 灯芯绒织物的分类

按织物外观所形成的绒条阔窄不同，可分为细、中、粗、阔、粗细混合、间隔条等类别。每25mm中有20条以上绒条者为特细条，11～19条为细条，9～11条为特细条，6～8条为粗条，6条以下的为阔条。间隔条灯芯绒指粗细不同的条型合并或部分绒条不割、偏割以形成粗细间隔的绒条。

（1）特细条灯芯绒。如图4-3所示，地纬、绒纬之比为1:3，绒毛采用V形固结（箭头所指为割绒位置），地组织为平纹，经、纬纱线密度均为18tex，织物经密为315根/10cm，纬密为843根/10cm。

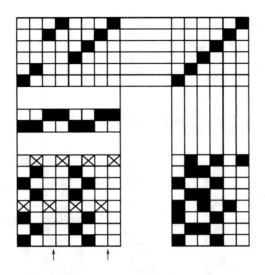

图4-3 特细条灯芯绒上机图

（2）中条灯芯绒。如图4-4（a）所示，地纬、绒纬之比为1：2，绒毛采用V形固结，地组织为平纹，经纱线密度均为14 tex×2，纬纱线密度为28tex，织物经密为228根/10cm，纬密为669根/10cm。图4-4（b）为该组织的纬向剖面图。

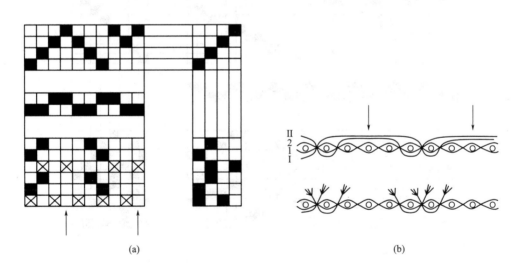

图4-4 中条灯芯绒上机图及其纬向剖面图

（3）粗条灯芯绒。如图4-5所示，粗条灯芯绒地纬、绒纬之比为1：2，绒毛采用V形固结，地组织为2/2斜纹，经纱线密度为14tex×2，纬纱线密度为28tex，经密为161根/10cm，纬密为1133.5根/10cm。

（4）阔条灯芯绒。如图4-6所示，阔条灯芯绒地、绒纬之比为1：4，绒毛采用V、W形混合固结，地组织为纬重平组织，经纱线密度为14tex×2，纬纱线密度为28tex，经密为287根/10cm，纬密为995.5根/10cm。

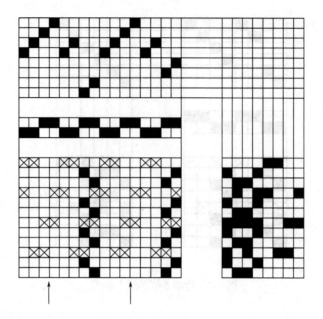

图4-5　粗条灯芯绒上机图

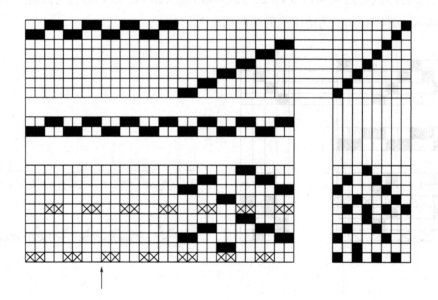

图4-6　阔条灯芯绒上机图

（5）其他分类方法。

① 按使用经纬纱线的不同，可分为全纱灯芯绒、半线（线经纱纬）灯芯绒。

② 按提综形式的不同，可分为提花灯芯绒与一般灯芯绒。

③ 按加工方法的不同，可分为印花灯芯绒与染色灯芯绒两类。

按使用原料的不同，有纯棉灯芯绒、富纤灯芯绒、涤棉灯芯绒及维棉灯芯绒等，而以纯棉品种为多。

3．灯芯绒织物组织结构

（1）经纬纱线密度及密度的确定。灯芯绒织物一般采用线密度适中的纱线制织，由于纬密比经密大得多，一般灯芯绒经向紧度为50%～60%，纬向紧度为140%～180%，经向紧度为纬向紧度的1/3左右，因而在织造时打纬阻力很大，经纱所承受的张力与摩擦力都很大。为了减少经纱断头率，经纱多数采用股线或捻系数较大、强力较好的单纱。纬纱线密度与织物密度有关，如纬纱线密度小时，纬密相应增加，织物毛绒稠密，固结较牢。灯芯绒织物经纬密度必须配合恰当，否则影响毛绒稠密及绒毛固结坚牢程度。如在组织相同的条件下，经密增加，则毛绒短而固结坚牢，织物手感厚实；反之，经密减少，则毛绒长而松散，坚牢度差，织物手感较软。

目前，工厂中生产的灯芯绒织物，其经纬紧度的配合见表4-2。

表4-2 灯芯绒生产经纬紧度工艺参数

品种	平纹地	斜纹地	平纹变化	$\dfrac{2}{2}\diagup$	纱灯芯绒
经向紧度/%	47.17	44.77	61.9	47.09	47.17
纬向紧度/%	144.6	185.78	144.6	234.36	158.88

（2）灯芯绒地组织的选择。地组织的主要作用是固结毛绒及承受外力。常用的地组织有平纹、斜纹、纬重平及变化平纹、变化纬重平组织等。

不同地组织对织物手感、纬密大小、毛绒固结程度和割绒工作影响较大。

地组织不同，绒根露出部位也不同，对毛绒固结程度有显著影响。平纹地、V形固结的灯芯绒组织如图4-7所示。绒条抱合紧密，绒条外观圆润，底板平整；正面耐磨情况好，交织点多，纬纱密度受限制，手感较硬；但绒根在背部突出，经受外力摩擦后，绒束移动，容易脱毛。

$\dfrac{2}{1}$斜纹地、V形固结的灯芯绒组织如图4-8所示。一个组织循环中四根地经，两根绒经，绒经背部有地纬纬纱浮长，对绒根有保护作用，可以减少绒束的背部摩擦，改善脱毛，但正面耐磨情况较差，底板不如平纹平整，割绒不如平纹方便。但是纬纱易打紧，成品手感柔软，常用于制织比较厚实、柔软、毛绒紧密的织物。

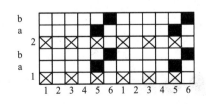

图4-7 平纹地、V形固结的
灯芯绒组织

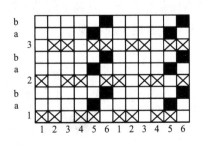

图4-8 $\dfrac{2}{1}$斜纹地、V形固结的
灯芯绒组织

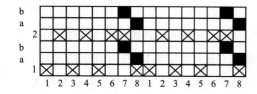

图4-9 地组织为平纹变化组织、V形固结的
灯芯绒组织

地组织为平纹变化组织、V形固结的灯芯绒组织如图4-9所示。一个组织循环中六根地经，两根绒经，绒根在7、8两根压绒经上，背部有地纬纬浮长保护，两旁分别受6、1两根地经保护，压紧绒纬改善背部脱毛，且经纱紧度大，正面脱毛也得到改善，割绒进刀部位仍是平纹，不妨碍割绒。其他部分仍保持平纹组织的特点。

（3）绒纬组织的选定。选定绒纬组织需考虑三个方面，即绒根的固结方式、绒根分布的情况及绒纬浮长的长短。

① 绒根固结方式。绒根固结方式是指绒纬与绒经的交织规律，图4-7~图4-9所示地组织与固结组织的配合。其固结方式有V形和W形两种。特殊情况可采用联合固结。地组织和固结形式的选择见表4-3。

表4-3　地组织和固结形式的选择

品种	特细条	细条	中条			粗条			阔条	
地组织	平纹	平纹	平纹	纬重平	斜纹	平纹	纬重平		变化平纹	变化纬重平
固结形式	W	W	V/W	双经V	单经W	V	W W+V	双经 W 单经 W W+V	W W+V	W W+V

V形固结法也称松毛固结法，即绒纬除浮长外，仅与一根压绒经交织。如图4-10（a）所示。每一绒束的绒根在一根压绒经上，呈V形，故称V形固结法。采用V形固结，绒纬与压绒经交织点少，纬纱容易打紧，有可能提高织物纬密，绒纬割断后，绒面抱合效果好，绒面没有沟痕，但受到强烈摩擦后容易脱毛，故适用于绒毛较短、纬密较大的中条、细条灯芯绒。

W形固结法也称紧毛固结法，即绒纬除浮长外，与三根或三根以上压绒经交织。如图4-10（b）所示。每一绒束的绒根植在三根经纱上，呈W形，故称W形固结法。采用W形固结，绒纬与压绒经交织点多，纬纱不易打紧，织物纬密受限制，毛绒抱合度差，而且综页提升次数多，生产较困难，但毛绒固结牢度好。常用于制织要求绒纬固结牢固，但对绒毛密度要求不高的细条灯芯绒。对阔条灯芯绒则多采用W形与V形固结混合使用，取长补短，利于改善毛绒抱合度及减少脱毛现象。

（a）　　　　　　　　（b）

图4-10 绒纬的固结方式

② 绒根分布情况与安排。绒纬与压绒经的交织点即为绒根，绒根分布影响绒条外观。在设计阔条灯芯绒时，利用同一地组织条件下增加绒纬浮长线达不到阔条绒毛的目的，因为浮长线过长使绒毛不能竖立而出现露底现象；只有增加绒根分布宽度，合理安排绒根分布位置，才能产生阔条绒毛。

绒根散开布置如图4-11（a）所示。这种布置方法对阔灯芯绒较为适宜。每束绒毛长短差异小，绒根分布得比较均匀，整个绒条平坦。

绒根分布中间多，两边少，如图4-11（b）所示，各束绒毛长短参差，形成绒条的绒毛中间高，两侧矮。

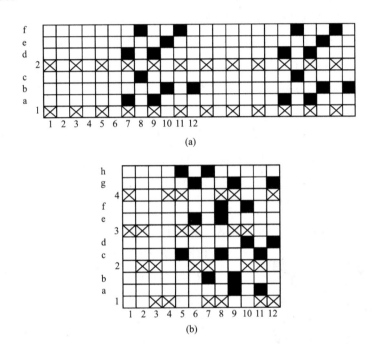

图4-11 灯芯绒绒根分布情况

③ 绒纬的浮长。绒纬浮长的长短在一定经密下，决定了毛绒的长短和绒条的宽窄。

在地组织相同时，绒纬浮长越长，毛绒高度越高，绒条也比较宽。所以，粗阔条灯芯绒，要求绒纬浮长较长。但绒纬浮长过长，割绒后容易露底，因此，粗阔条灯芯绒不能单增加绒纬浮长长度，还需合理地安排绒根分布的位置。

毛绒的高度可按以下公式进行计算：

$$h=\frac{c}{2\times\dfrac{P_j}{10}}\times10=\frac{50c}{P_j} \tag{4-1}$$

式中：h——毛绒高度，mm；

P_j——经纱密度，根/10cm；

c——绒纬浮长所越过的经纱数。

④ 地纬与绒纬排列比的选择。地纬与绒纬排列比可根据灯芯绒的外观要求及织物的坚牢度来定。地纬与绒纬的排列比一般有1：2、1：3、1：4、1：5，其中以1：2、1：3为多数，最好不要超过1：5，因为比例过大，用纱量就会增加，并影响织物的内在品质。在织物线密度、经纬密、组织相同的条件下，地纬与绒纬比值越大，则毛绒密度越大，织物柔软性越好，保暖性及绒毛外观质量均能得到改善，但纬向强力低，毛绒固结差。

二、花式灯芯绒

花式灯芯绒是在一般灯芯绒的基础上进行变化而得，织物外观的绒毛凹凸不平，立体感强。但割绒刀仍保持直线进刀。花式灯芯绒的制织除组织有所不同外，其他都参照一般灯芯绒。花式灯芯绒多数在多臂机上进行制织，大花纹灯芯绒要在提花机上织造。

设计花式灯芯绒可以从下述几方面着手。

（1）使织物表面一部分起绒，一部分不起绒，由地布和绒条相互配合，形成各种几何图形花纹。

设计时，先确定花型布局、绒条宽窄、起绒和不起绒部位的大小，然后根据经纬纱密度的比值，确定一个组织循环内纵向绒条数和纬纱数，再分别填绘组织图。但要注意，不论起绒还是不起绒部位，纵横向都必须是灯芯绒基本组织的整数倍，以保持绒条的完整。不起绒部位的组织处理方式有以下两种。

① 不起绒部分在原灯芯绒浮长部位以经重平组织点填绘。经重平组织有三根纬纱组织点相同，使纬纱能打得紧，由于绒纬和地经交织点增加，割绒时导针越过这部分，没穿入布内，所以，绒纬不被割断，这一部分不起绒毛，称为经重平法。如图4-12所示，图中右下角经重平部分不起绒。设计这种花式灯芯绒时，还应注意提花部位不宜过长，根据经验一般纵向不起花部分不超过7mm，过长会引起跳刀、戳洞等弊病。不起绒与起绒部位比例，基本是1：2，以起绒为主，否则不能体现灯芯绒组织的特点，而且不起绒部位加长后，因绒纬与地经交织点多，织物紧密，易造成织造困难。

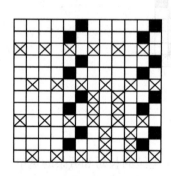

图4-12　花式灯芯绒组织（一）

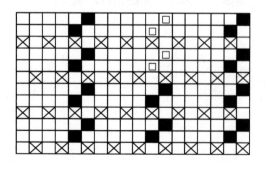

图4-13　花式灯芯绒组织（二）

② 飞毛提花法。如图4-13所示，对不起绒部位的组织点处理，可在原灯芯绒组织的基础上，取消一部分绒根（图中符号"□"表示取消的绒根），使绒纬浮长穿过绒经跨两个组织循环，在割绒时，两导针中间的一段绒纬即被两端剪断，由吸绒装置吸去，所成灯芯条除绒条部分外，提

花部分地布完全露出，形成凹凸花型，立体感较强。

（2）改变绒根的布局，使绒束长短发生变化。如图4-14所示，绒根位置不在一条纵线上，绒纬浮长不一，经割绒、刷绒后，绒条有高有低，如鱼鳞状。

（3）配合不同的割绒方式，以获得不同的外观效应。同一品种，割绒方式不同，所得效果也不同。

偏割，如阔条灯芯绒，用导针使割绒部位不在绒条正中，便可形成常见的阔窄条（间隔条）灯芯绒，间隔条阔窄比例一般控制在3∶7或4∶6。

细条、特细条灯芯绒，如图4-15所示。由于条型细，可采用两次割绒，先割单数行，再割双数行，绒毛可采用W形固结，以减少脱毛。也有采用一次割绒的。

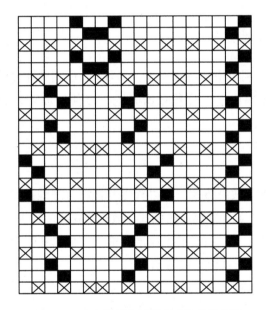

图4-14　改变绒根布局的花式灯芯绒组织

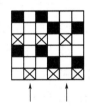

图4-15　特细条灯芯绒组织

三、平绒组织

平绒织物与灯芯绒织物的区别在于灯芯绒织物表面具有不同宽度的绒条，而平绒织物表面则全部被盖均匀的绒毛，形成平整的绒面。

平绒织物有如下特征：由于织物表面是利用纤维断面与外界摩擦，因此，比一般织物的耐磨性能要提高4~5倍；织物绒毛丰满，光泽柔和；手感柔软，弹性好，不起皱，保暖性优良。

平绒根据绒毛形成的方法可分为割纬平绒和割经平绒。割纬平绒是将绒纬隔断并经刷绒而形成。割经平绒是将织成的双层织物，从中把绒经割断而分成单层织物，再经刷绒而成。

割纬平绒与割纬灯芯绒的形成原理相同。它与灯芯绒织物的区别是绒根的组织点以一定的规律均匀排列，所以，它的纬密较灯芯绒更高，织物更紧密，毛绒均匀而丰润。图4-16

（a）所示为纬平绒的构造图，地组织为平纹，地纬与绒纬的排列比为1∶3，图中1、2为地纬，a、b、c为绒纬，经过开毛后形成毛束，图中箭矢方向为开毛位置。图4-16（b）所示为纬平绒的组织图。

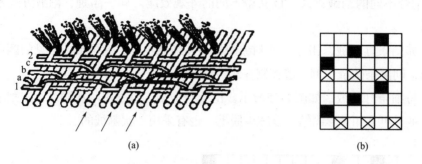

图4-16　纬平绒构造图和组织图

纬平绒绒纬的组织点彼此叉开，这样有利于增加纬纱密度。绒纬以V形固结在经纱上，各绒纬被两根地经夹持，在开毛时，按照图中箭矢位置依次开毛，以便形成均匀紧密的平绒。

四、拷花呢（绒）组织

将织物表面的纬浮长线经多次反复拉绒形成纤维束，再经剪毛与搓花，纤维束卷曲成凸起绒毛，绒毛形成的花纹随绒根分布而变，外观好似经压拷而成，故称拷花呢（绒）。

拷花呢（绒）的特点是：织物手感柔软，且具有良好的耐磨性能。构成拷花呢（绒）的组织，称拷花呢（绒）组织。拷花呢（绒）的结构设计步骤如下。

（1）确定织物中毛绒分布的花纹轮廓，即织物的外观效应。

（2）正确选择毛纬浮长。毛纬浮长的长短应使纤维在拉绒及松解之后，其两端能被组织点牢固地夹持为原则，否则拉绒时，毛绒不牢，织物外观发秃，质量损失率增大。毛纬浮长一般为浮于3~12根经纱之上，最好至少浮于5根经纱之上。毛纬的浮长取决于经密、底布经纬纱的线密度、毛纬的线密度、毛绒的高度等因素。

（3）绒纬组织的确定。根据绒纬与底部固结方式的不同选择拷花呢组织。绒纬与底部固结方式有V形、W形、V和W混合型三种。用V形固结时，绒纬固结于底布中较松弛，故地组织宜选择重经组织或双层组织，利用里组织对绒纬的阻力，减少在整理和服用过程中绒毛脱出的情况。用W形固结时，绒纬较坚牢地固结在底布中，地组织适合选单层组织。

轻型拷花呢（绒）组织多采用按缎纹方式分配毛纬组织，织物的毛绒均匀分布在织物表面，底布完全被毛绒所覆盖。如图4-17（a）所示，毛纬组织是由八枚加强纬面缎纹所构成，每根毛纬浮于6根经纱之上，并被两根经纱成V形所固结。图4-17（b）为按W形所固结的毛纬组织。

织物具有斜线凸纹的拷花呢的绒纬分布，如图4-17（c）所示，形成人字斜线。采用斜纹分布的绒纬组织时，需使纬浮点多于或等于经浮点，否则不是毛绒覆盖不足，便是毛绒与经纱固结点太长，遮盖不住底布。

此外，尚有以某种模纹分布绒纬组织的拷花呢（绒），如图4-17（d）所示为其中一例。描绘绒纬组织时，先在意匠纸上绘出所设计的模纹图，然后在该图上用符号标出毛纬组织。本例以符号"■"标出毛纬组织。

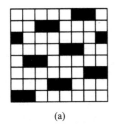

(a)

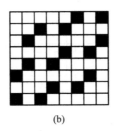

(b)

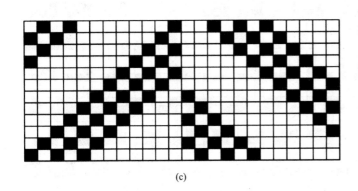

(c)

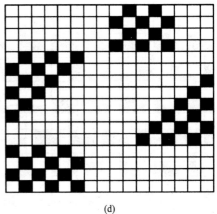

(d)

图4-17　拷花呢绒纬分布举例

（4）地纬与毛纬的排列比。一般地纬与毛纬排列比有下列几种：对单层织物，地纬毛纬排列比为1：1、1：2、2：1、2：2；对重组织织物，地纬毛纬排列比为1：2、1：1、2：2；对双层布织物，表：里：毛排列比为1：1：1、1：1：2。

对地纬与毛纬排列比的选择主要取决于纱线线密度及毛绒密度。为了使毛绒丰满优美，当地纬与毛纬排列比为1：1或2：2时，应选择纱线线密度较大的毛纬；为了使毛绒稠密，当选用地纬与毛纬排列比为1：2时，则毛纬线密度宜小些；为了提高织物的耐磨性，当毛纬线密度大于地纬时，应采用2：1的地纬毛纬排列比。

（5）拷花呢（绒）底布组织的确定。最常用的底布组织有平纹、$\frac{2}{1}$斜纹、4枚破斜纹等。用于重组织织物的基础组织有$\frac{2}{1}$斜纹、$\frac{3}{1}$斜纹及4枚破斜纹等。用于双层底布的基础组织有：表层为$\frac{2}{1}$斜纹、$\frac{3}{1}$斜纹、平纹和4枚破斜纹等；里层为平纹、$\frac{2}{1}$斜纹、$\frac{3}{1}$斜纹和$\frac{2}{2}$破斜纹等。

在重组织或双层底布中，毛纬仅与表经相交织，故毛纬也分布在表经之上。

底布组织的选择与纬纱排列比密切相关。例如，当地纬与毛纬的排列比为1∶2，底布为单层时，为了防止织物过分松散，底布应采用平纹组织为宜。但是，当地纬与毛纬的排列比为1∶1或2∶2时，底布仍为单层，则底布采用斜纹组织为好。因为斜纹组织获得的密度比平纹组织大得多，所以，可保证所需的纬密。

图4-18所示为某羊绒拷花大衣呢的组织图与穿综图。

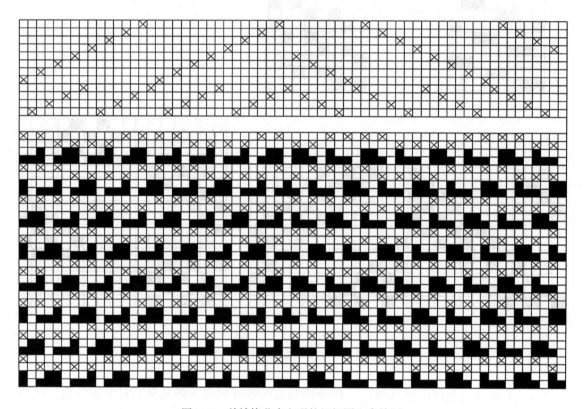

图4-18　羊绒拷花大衣呢的组织图和穿综图

第二节　经起毛组织

织物表面由经纱形成毛绒的织物，称为经起毛（绒）织物，其相应的组织称经起毛（绒）组织。

这种织物是由两个系统经纱（即地经与毛经），同一个系统纬纱交织而成。地经与毛经分别卷绕在两只织轴上，可用单层起毛杆或用双层制织法织成。

杆织法经起绒组织由两组经纱与一组纬纱以及一组起绒杆（作为纬纱）交织而成。如图4-19所示单层起绒杆法织造示意图，两组经纱中一组为地经，专与纬纱交织成地组织；另一组为绒经，与纬纱交织成绒毛的固结组织，同时，还可根据绒毛花纹的需要，浮在起绒杆上而形成毛圈，经切割后形成毛绒，或不切割从中抽出起绒杆形成圈绒。起绒杆是由钢、木等制成的圆形（或椭圆形）开槽的细杆，它的直径决定着绒毛的高度，起绒杆有各种号数，制织时可根据所需绒毛的高度来选用。杆织法经起绒组织，地经与绒经的排列比一般为2：1或1：1，纬纱与起绒杆的排列比一般为4：1、3：1或2：1等，两者相差不宜太大，否则易使毛绒排列不均匀。绒根的固结方式为W形固结法，常用的有三纬、四纬W形固结法。

双层制织法，其地经纱分成上下两部分，分别形成上下两层经纱的梭口，纬纱依次与上下层经纱的梭口进行交织，形成两层地布。两层地布间隔一定距离，毛经位于两层地布中间，与上下层纬纱同时交织。两层地布间的距离等于两层绒毛高度之和，如图4-20所示，织成的织物经割绒工序将连接的毛经割断，形成两层独立的经起毛织物。

图4-19 单层起毛杆法织造示意图

图4-20 双层制织法织造示意图

根据织物表面毛绒长度和密度的不同，经起毛织物可分为平绒与长毛绒两大类。

经起毛组织的双层织造由于开口和投入纬纱的方法不同，分为单梭口织造法和双梭口织造法两种，如图4-21所示。

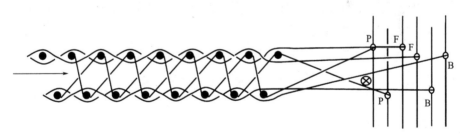

(a) 单梭口织造

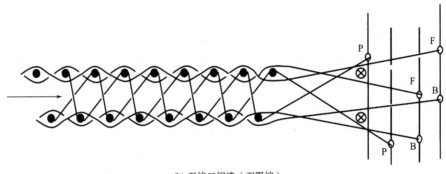

(b) 双梭口织造（双眼综）

图4-21

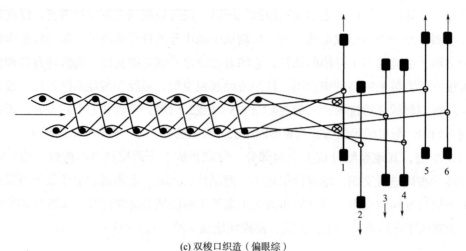

(c) 双梭口织造（偏眼综）

图4-21　经起毛单、双梭口织造示意图

单梭口织造法是织机的主轴每回转一转形成一个梭口，投入一根纬纱。而双梭口织造法是当织机的主轴回转一转能同时形成两个梭口，并同时投入两根纬纱。

双梭口织造法又分为双眼综法［图4-21（b）］和偏眼综法［图4-21（c）］。

由于此类织物表面的毛绒与外界摩擦，因此，其耐磨性能好，且织物表面绒毛丰满平整，光泽柔和，手感柔软，弹性好，织物不易起皱，织物本身较厚实，并借耸立的绒毛组成空气层，所以，保暖性也好。

平绒织物适宜制作妇女、儿童秋冬季服装以及鞋、帽等。此外，还可用作幕布、火车坐垫、精美贵重仪表和装饰品的盒里等装饰与工业用织物。

长毛绒织物适于制作男女服装，多数为女装和童装的表里用料、帽料、大衣领等。近年来，还发展用于沙发绒、地毯绒、皮辊绒及汽车和航空工业用绒等。

一、经平绒织物

经平绒织物的特点在于该织物具有平齐耸立的绒毛且均匀被覆在整个织物表面，形成平整的绒面。绒毛的长度约2mm。

目前，经平绒织物大多采用平纹组织作为地组织，能使织物质地坚牢，绒毛分布均匀，且能改善绒毛的丰满程度。绒经的固结方式以V形固结法为主，因为这种固结方式可以获得最大的绒毛密度，使绒面丰满。地经与绒经的排列比一般有2∶1和1∶1两种。图4-22所示为经平绒织物的截面图和上机图。

图4-22（b）所示为某经平绒组织单梭口织造法的上机图。这种平绒织物上下两层地布均为平纹组织。地经与绒经的排列比为2∶1，纬纱表里排列比为2∶2。图4-22中，a、b为绒经，符号"田"表示绒经组织点；1、2为上层经纬纱，符号"■"表示上层织物经组织点；符号"回"表示投入里纬时，上层经纱提起；Ⅰ、Ⅱ为下层经纬纱，符号"⊠"表示下层织

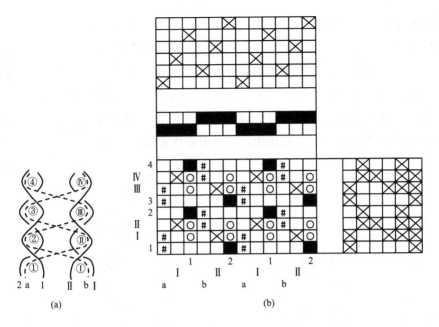

图4-22 经平绒织物截面图和上机图

物经组织点。

穿综采用分区穿法。绒经因张力小，故穿在第一区（前区），上层地经穿在后区，下层地经穿在中区。

穿筘时，必须注意绒经与地经在筘齿中的排列位置。因绒经的张力小，地经的张力大，如果绒经在筘齿中被夹在地经中间，那么，绒经很容易被地经夹住而影响正常的开口运动，造成绒面不良。所以，绒经在筘齿中的位置以靠筘齿边部为宜。

二、长毛绒织物

长毛绒织物在毛织产品中属精纺产品，因为其工艺流程中的毛条制造与纺纱均同精纺。

普通长毛绒织物一般地布用棉经、棉纬，毛绒采用羊毛。近年来，由于化纤原料发展很快，所以，毛绒使用的纤维不仅是羊毛、马海毛，而且还使用化纤原料，如腈纶、黏胶纤维、氯纶等，尤其是氯纶，因有热缩性能，故成为制造人造毛皮的常用原料。

1. 长毛绒织物的组织结构

（1）地布组织。长毛绒织物是两层制织法，其上下两层地布一般可采用平纹、$\frac{2}{2}$纬重平及$\frac{2}{1}$变化纬重平等。

（2）毛经固结组织应根据产品的使用性能和设计要求来确定。如要求质地厚实、绒面丰满、立毛挺、弹性好的织物，多数采用四纬固结组织；如要求质地松软轻薄，则可采用组织点较多的固结组织；若要求绒毛较短且密、弹性好、耐压耐磨时，多采用二纬、三纬固结组织。毛绒高度随产品的要求而定，一般立毛织物毛绒高度为7.5~10mm。

（3）每根毛经的固结组织的排列比例对织物绒毛密度有很大的影响，通常所用的毛经的固结组织的排列比例如图4-23（a）所示，即相当于每根绒经每隔一个固结组织循环排列一个固结组织，这意味着每根绒只在单层织物的一半的纬纱上起毛，称为半起毛。如果毛经的固结组织的排列比例如图4-23（b）所示，则相当于每根绒经的固结组织是紧贴排列的，这意味着每根绒在单层织物的全部纬纱上起毛，称为全起毛。很显然，对一组绒经同种固结组织而言，全起毛组织织物比半起毛组织织物的绒毛密度要高出一倍。

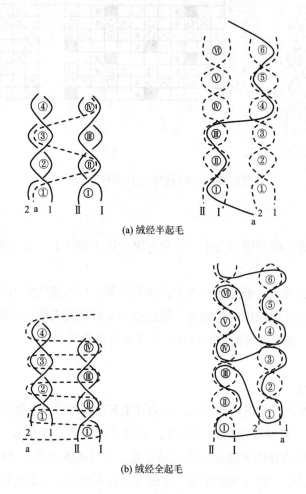

(a) 绒经半起毛

(b) 绒经全起毛

图4-23　半起毛和全起毛

（4）地经与毛经的排列比一般采用2：1、3：1及4：1等。

2．长毛绒织物组织图的描绘

以长毛绒织物为例，比较经起毛织物单、双梭口织造法上机图的描绘方法。

（1）单梭口织造法。图4-24（a）所示为上机图，图4-24（b）所示为纵向截面图，图4-24（c）所示为地组织图。这种长毛绒织物，毛经采用三纬固结法，地组织为$\frac{2}{2}$纬重平，地经与毛经的排列比为4：1。图4-24中；符号"■"表示上层经纱或毛经在上层纬纱之上；

符号"⊠"表示下层经纱在下层纬纱之上；符号"▣"表示投下层纬纱时，上层经纱提起；符号"△"表示毛经在下层纬纱之上。

又如图4-25所示，图4-25（a）所示为四纬固结的长毛绒组织，图4-25（b）所示为纵向截面图，图4-25（c）为上下层地组织图（图中符号含义同前）。

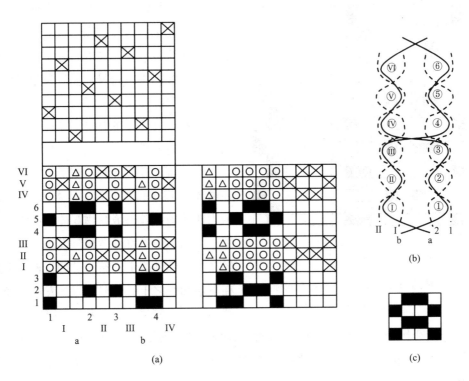

图4-24 三纬固结长绒织物组织图

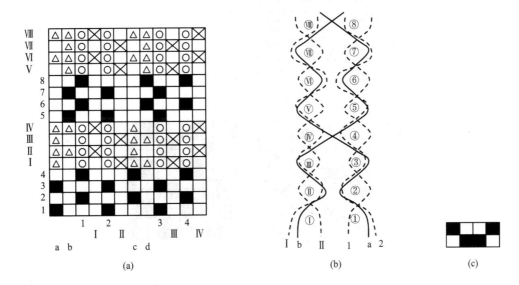

图4-25 四纬固结长毛绒织物的组织图

（2）双梭口织造法。

① 双眼综法。为了便于与单梭口织造法的上机图对比，仍用三纬固结长毛绒织物说明。由于采用双梭口双眼综引纬法，组织图应改为如图4-26所示。

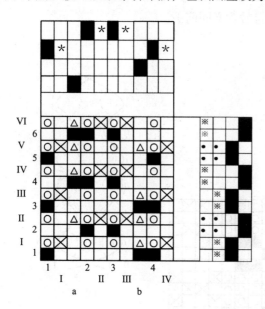

组织图中，符号"■"表示上层经纱或毛经在上层纬纱之上；符号⊠表示下层经纱在下层纬纱之上；符号"△"表示毛经在下层纬纱之上；符号"○"表示上层经纱在下层纬纱之上。穿综图中，符号"★"表示下层织物的经纱穿入对应综丝的下综眼。提综图中，符号"·"表示绒经提在中间位置；符号※表示绒经提在最高位置。

② 偏眼综法。图4-27所示为三纬固结长毛绒织物双梭口偏眼综法上机图，图4-28所示为四纬固结长毛绒织物双梭口偏眼综法上机图，组织图中，符号"■"表示上层经纱或毛经在上层纬纱之上；符号"⊠"表示下层经纱在下层纬纱之上；符号"△"表示毛经在下层纬纱之上；符号"○"表示上层经纱在下层纬

图4-26　三纬固结长毛绒织物双梭口双眼综法上机图

纱之上。提综图中，因为双梭口的上下层经纱同时运动，所以，提综图是依组织图上下层各一纬为提综图的一横行（相当于一纬），符号"▼"和"▲"表示对应绒经处于中间位置，符号"■"表示对应绒经处于最高位置。

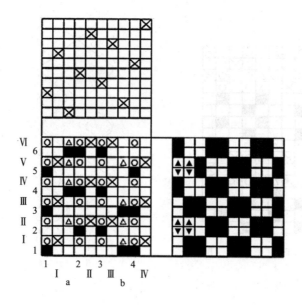

图4-27　三维长毛绒织物双梭口偏眼综法上机图

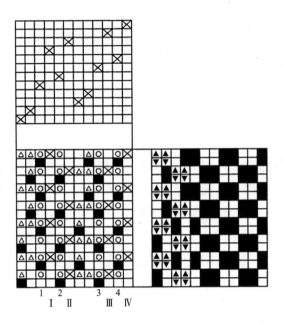

图4-28　四维固结长毛绒织物双梭口偏眼综法上机图

三、经灯芯绒

　　这种织物是采用双层织造的。毛经和地经与仅有地经组成相间配置，织后将双层割开，即得到具有经向条子的绒面。这种织物与纬灯芯绒相比，由于结构上的特点，更具有耐磨、耐穿、不易脱毛、生产率高等优点，但条子花型变化不多，绒毛平而不圆，并有露地等缺点。

☞　思考题

　　1. 试比较纬起毛织物和经起毛织物的生产原理和织物特点。

　　2. 试比较固结绒根的两种主要方式 V 形固结法和 W 形固结法的特点和差异。

　　3. 以 $\frac{2}{2}$ 斜纹为地组织，地纬与绒纬排列比为 1：2，绒根固结方式为 V 形固结，绒纬浮长为 5 根经纱，试绘制灯芯绒织物的组织图。

　　4. 拷花呢织物组织设计过程中，如何选择地组织、绒纬组织、地纬和绒纬的排列比。

　　5. 经起毛织物的两种主要生产方法，单梭口织造法和双梭口织造法的原理分别是什么？

　　6. 以 $\frac{2}{2}$ 经重平为地组织，地经与绒经的排列比为 1：2，绒经浮长为 6 根纬纱，采用三纬 W 形固结，试绘制单层经起毛织物的上机图。

　　7. 列举几种花式灯芯绒的设计方法，并简述每种方法对应的织物效果。

第五章 毛巾组织

毛巾织物的毛圈是借助织物组织及织机送经打纬机构或送经卷取机构的共同作用所构成。制织毛巾织物需要有两个系统的经纱（即毛经与地经）和一个系统纬纱交织而成。毛巾织物具有良好的吸湿性、保温性和柔软性，适宜作面巾、浴巾、枕巾、被单、浴衣、睡衣、床毯和椅垫等。为了使毛巾织物具有良好的物理性能，一般采用棉纱制织，但在个别情况下，如装饰织物，可根据用途选用其他纤维的纱线（如人造丝、腈纶、细旦涤纶、超仿棉涤纶等）制成。

一、毛巾织物的分类

毛巾的分类方法有很多种。

按用途分，可分为面巾、浴巾、毛巾被、餐巾、地巾、挂巾、毛布巾等。

按毛圈分布情况分，可分为双面毛巾、单面毛巾及花色毛巾三种。双面毛巾是织物正反两面都起毛圈；单面毛巾仅在织物一面起毛圈；花色毛巾是在织物表面的某些部分根据花纹图样形成毛圈或由色纱线显色的不同，形成各种花纹图案。

按生产方法分，可分为素色毛巾、彩条格毛巾、提花毛巾、印花毛巾、缎档毛巾、双面毛巾等。

按原料分，可分为纯棉毛巾、桑蚕丝毛巾、腈纶毛巾等。

按毛巾的组织结构分，可分为三纬毛巾（一个组织循环中有三根纬纱）、四纬毛巾、五纬毛巾、六纬毛巾等。

二、毛巾织物的基本组织

毛巾组织是由两组经纱与一组纬纱构成。地经与纬纱交织构成地部成为毛圈附着的基础，毛经与纬纱交织形成毛圈。毛巾织物的基础组织一般采用$\frac{2}{1}$或$\frac{3}{1}$变化经重平或$\frac{2}{2}$经重平等，毛经与地经的排列比一般为1：1，也有2：1、1：2等。

图5-1所示分别是三纬毛巾、四纬毛巾、五纬毛巾及六纬毛巾的组织图，图中符号"⊠"表示地经经组织点，"■"表示毛经经组织点。最常用的是三纬毛巾，其地组织和毛圈组织均为$\frac{2}{1}$变化经重平，但地组织和毛圈组织的起点不同，如图5-1（a）所示，1、2为地经，a、b为毛经。

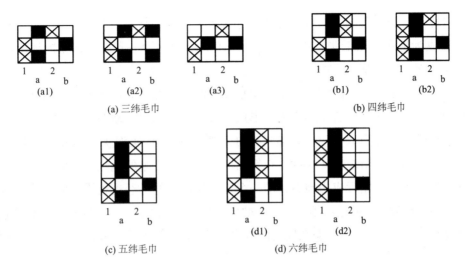

(a1)　　(a2)　　(a3)

(a) 三纬毛巾

(b1)　　(b2)

(b) 四纬毛巾

(c) 五纬毛巾

(d1)　　(d2)

(d) 六纬毛巾

图5-1　毛巾组织

三、形成毛圈的过程

毛巾织物的毛圈是借助毛地组织的合理配合、织机的送经机构及特殊的打纬机构或者送经卷取机构共同作用而形成的。

如图5-2所示，（a）为地组织，（b）为毛圈组织，（c）为三纬双面毛巾组织图，（d）为毛巾织物纵截面图（图中实线1、2表示地经，虚线a、b表示毛经）。毛、地经纱分别卷绕在两只织轴上，毛经织轴送经量大，经纱张力较小，地经织轴送经量小，经纱张力较大。当引入新组织循环的第一、第二两根纬纱时，打纬动程较小，会在新组织循环与前一个组织循环之间形成一条空档，这种打纬动程较小的打纬称短打纬；当引入新组织循环的第三根纬纱之后，钢筘将新组织循环的三根纬纱一并推向前一个组织循环，这时钢筘的打纬动程为全

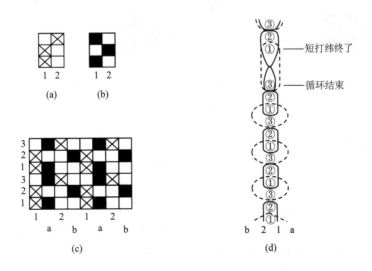

(a)　　(b)

短打纬终了

循环结束

(c)

(d)

图5-2　三纬双面毛巾

程，这种打纬动程为全程的打纬称长打纬。这时张紧的地经与新组织循环的纬纱之间产生滑动，打紧后成为地布，而低张力的毛经与新组织循环的纬纱一齐沿着张紧的地经向机前移动，毛经在被固定于底布中的同时，又在织物表面上隆起而形成毛圈。

或者当引入新组织循环的第一、第二两根纬纱时，送经和卷取机构正常运转，新形成的织口处于前一个组织循环的若干距离处，形成一条空档；当引入新组织循环的第三根纬纱之后，送经机构的后梁和卷取机构的胸梁同时向机器后面移动一段距离，使前一个组织循环后退相同距离，向新引入组织循环靠拢。在钢筘的打击下，张紧的地经与新引入的组织循环的纬纱之间产生滑动，打紧后成为地布；前一个组织循环中的毛经也将沿张紧的地经向机后移动，而新引入组织循环中的毛经不动，两个循环之间的毛经隆起，在织物表面上形成毛圈；接着送经机构的后梁和卷取机构的胸梁同时向机器前面移动一段距离，迎接下一个成圈循环。

四、毛经组织与地组织的配合

为了使纬纱与张紧的经纱之间容易滑动，降低打纬阻力；为使纬纱与低张力毛经夹持牢固，利于毛圈的形成和稳定；又为使纬纱在织口处容易被打紧而不反拨，利于地布的形成，毛、地组织之间必须有合理的配合，即毛、地组织的配合对织物表面形成毛圈影响显著。三纬毛巾的毛、地组织均为 $\frac{2}{1}$ 变化经重平，如图5-2（a）和（b）所示。但它们的起点不一样，地组织与毛组织的配合可有三种情况，如图5-3所示。现从三个方面进行分析比较如下。

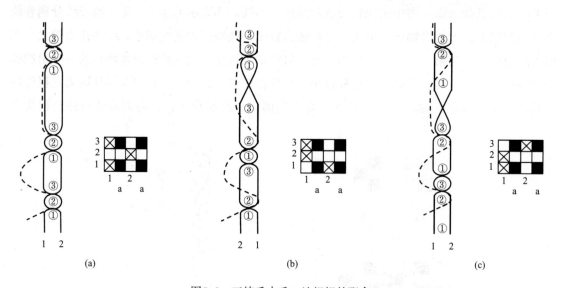

图5-3　三纬毛巾毛、地组织的配合

（1）打纬阻力。为了易于将纬纱打向织口，希望打纬阻力小些。图5-3（a）的打纬阻力最大，因为长打纬时三根纬纱与地经纱已上下交织，同时，二根纬纱夹持毛经纱将沿着张力很大的地经滑动，其阻力必然是最大的。图5-3（b）和图5-3（c）的打纬阻力差不多。

（2）对毛经的夹持。从长打纬时纬纱对毛纱的夹持力大小来看，图5-3（a）中纬纱1与纬纱2、纬纱2与纬纱3之间均有地经纱交叉，因此，纬纱对毛经纱的夹持力小；在图5-3（b）中，纬纱2与纬纱3虽能将毛经纱夹住，但纬纱1与纬纱2之间的夹持力小，将导致毛圈不齐；在图5-3（c）中，其配合情况为：纬纱1与纬纱2在同一梭口，故容易靠紧并能将毛经纱牢牢夹住。

（3）纬纱反拨情况。从纬纱反拨情况来看，图5-3（a）的情况是：由于纬纱3与纬纱1的梭口相同，当长打纬后，筘后退时，纬纱3易于反拨后退；在图5-3（b）情况下，纬纱3的反拨虽不会像图5-3（a）那样严重，但筘后退后，会使纬纱2与纬纱3之间的夹持力减退；而在图5-3（c）的情况下，即使纬纱3后退也不致影响纬纱1与纬纱2之间对经纱的夹持力，所以，毛圈大小也不会变化。

综合以上分析，可知图5-3所示的三种毛、地组织的配合方式以图5-3（c）的情况最好。目前，工厂中均采用图5-3（c）的配合方式。

图5-2与图5-3（c）相比较，它们的地组织均相同，但毛组织经纱循环不同。在图5-3（c）中，毛组织经纱循环为1根，故毛经纱只在织物一面形成毛圈，所以称单面毛巾；在图5-2中，毛组织循环为2根，可在织物正反两面形成毛圈，故称双面毛巾。

当地组织为$\frac{2}{1}$变化重平时，称为三纬毛巾组织；当地组织为$\frac{3}{1}$变化重平或$\frac{2}{2}$重平时，称为四纬毛巾组织。根据品种要求和产品轻重来决定采用哪一种，如采用$\frac{2}{2}$重平组织为地组织的四纬毛巾组织，可采用三次短打纬，一次长打纬进行制织，如图5-4所示，图5-4（a）为组织图，图5-4（b）为纵向截面图。

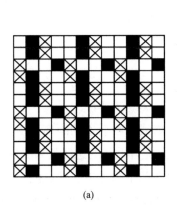

(a)

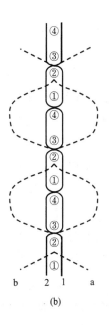

(b)

图5-4 四纬毛巾组织

图5-5是以$\frac{2}{1}$变化重平为地组织，毛经纱用两种色纱相间排列构成两色表里交换的双面格子毛巾织物的上机图，根据纹样要求并配以不同的色泽可构成多种形式的花纹。

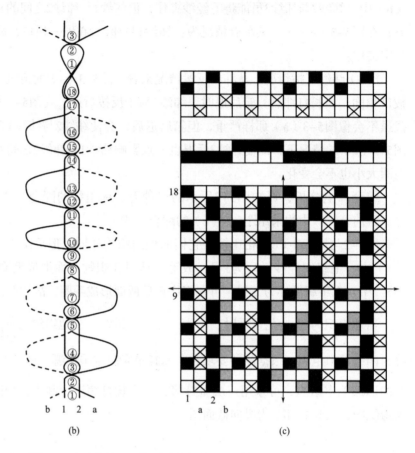

图5-5　表里交换双面格子毛巾织物上机图

五、地经与毛经的排列比及毛圈高度

地经与毛经的排列比（地经：毛经）有以下几种情况：

（1）1:1，称单单经单单毛。

（2）1:2，称单单经双双毛。

（3）2:2，称双双经双双毛。

此外，还有地经为单双相间排列的，称为单双经双双毛。

毛巾织物的毛圈高度由长短打纬相差的距离或织物后退的距离来决定，毛圈高度约等于长短打纬相隔距离或织物后退的距离的一半，并配合毛经的送经量来完成。

地经与毛经因上机张力差异很大，分别绕在两个织轴上，地经的上机张力大，一般比毛经的上机张力大4倍左右。毛经送出量对地经送出量的比例，决定毛圈的高度，工厂中称毛长倍数，简称毛倍。不同品种对其有不同要求，如手帕为3:1，面巾与浴巾为4:1，枕巾与毛巾被为（4~5）：1，螺旋毛巾的毛圈高度较长，为（5~9）：1，这种毛巾经刷毛等后整理可使毛圈呈螺旋状，织物紧密，手感柔软。还有一种割毛毛巾，织好后将一面毛圈割断，再通过刷毛等后整理工序，可形成平绒织物的外观。

六、毛巾织物的上机

为了形成清晰梭口，穿综时，毛经穿入前区，地经穿入后区。

制织毛巾织物时，筘号不宜太高，因毛经纱很松，筘号过高会增加织造困难。穿筘时，将相邻一组地经与毛经穿入同一筘齿内，如毛经与地经的排列比为1：1，则将相邻的1根地经和1根毛经穿入同一筘齿。同理，当排列比为1：2或2：1时，每筘齿应穿入相邻的三根经纱。

如图5-6（a）所示为一双色格子毛巾的组织图和穿综、穿筘图，如图5-6（b）所示为模纹图。毛巾纱由a、b两种颜色组成。在A区，毛经a在正面起毛圈，毛经b在反面起毛圈；在B区，毛经a在反面起毛圈，毛经b在正面起毛圈；在C区，一半毛经a、b在正面起毛圈，另一半毛经a、b在反面起毛圈；在D区，为凹毛，毛经a、b均在反面起毛圈。

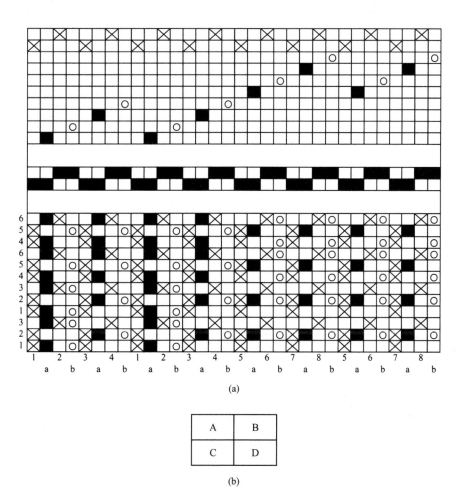

(a)

A	B
C	D

(b)

图5-6　双色格子毛巾组织图和穿综、穿筘图

根据毛巾织物的用途和织机的筘幅，在织机上可以竖织，也可以横织。一般面巾以竖织为多，枕巾则以横织为多。

因毛巾织物对吸湿性和柔软性有较高的要求，因此，毛经纱常采用棉单纱，且毛经纱的捻度也应较一般织物明显小。

☞ **思考题**

1. 简述毛巾组织的成圈原理和毛、地组织的合理配合及上机要点。

2. 简述毛巾织物的类型与用途。

3. 以某一种毛巾产品为例，结合其具体用途，从原料与纱线选择、组织结构特点、色彩搭配等方面讨论毛巾产品的设计思路。

4. 简述调整毛巾织物毛圈高度的方法。

5. 试作双双经双双毛三纬双面毛巾的上机图，并简述毛圈形成的必要条件。

6. 按照下面纹样图示，甲乙分别代表两种色区，每区由4根毛经纱、4根地经纱和三根纬纱组成，地经：毛经=1：1，试作表里换层的异色花式三纬毛巾的组织图和经向截面图。

第六章　纱罗组织

第一节　纱罗组织概述

一、结构特征

纱罗织物经纬纱的交织情况与一般织物不同。纱罗织物中仅纬纱是相互平行排列的，而经纱则由两个系统的纱线（绞经S和地经G）相互扭绞，即制织时，地经纱的位置不动，而绞经纱有时在地经纱右方，有时在地经纱左方与纬纱进行交织，纱孔就是由于绞经作左右绞转，并在其绞转处的纬纱之间有较大的孔隙而形成的。

绞经、地经相互扭绞并与纬纱交织的结果，不仅使织物中相邻绞组的经纱线间的孔隙增大，而且由于纱线的扭绞，纬线也被隔开，孔隙增大，从而形成六角形的纱孔。纱罗组织能使织物表面呈现清晰纱孔，质地稀薄透亮，且结构稳定，织物透气性好。因此，纱罗组织适宜用于夏季衣料、窗纱、蚊帐等织物，以及网格布、筛绢、蒙皮等产业用纺织品的开发。此外，纱罗组织也常用作阔幅织机制织数幅狭织物的中间边或无梭织机织物的布边。

二、类别

纱罗组织是纱组织、横罗组织和直罗组织的总称。

（1）纱组织。当绞经每改变一次左右位置，仅织入一根纬纱，织物表面呈现均匀分布纱孔的组织。如图6-1（a）（b）所示。

（2）横罗组织。当绞经每改变一次左右位置，织入三根或三根以上奇数的纬纱，织物表面呈现横条纱孔的组织。图6-1（c）（d）是织入奇数纬的平纹组织后，绞经与地经相互扭绞一次，纱孔呈横条排列，简称为横罗，其中（c）为三梭横罗，（d）为五梭横罗。

（3）直罗组织。在纱组织的边上，配合其他的织物组织，如平纹，织物表面纱孔呈纵条排列的组织，如图6-1（e）所示，简称为直罗。

形成一个纱孔所需的绞经与地经称为一个绞组。一个绞组中的绞经与地经根数可相等也可不等，如图6-2所示为几种常见的绞组，其中（a）为绞经：地经=1:1，即一个绞组由1根绞经和1根地经组成，称为一绞一。（b）为绞经：地经=1:2，称为一绞二。（c）为绞经：地经=2:2，称为二绞二。绞组内经线数少时，纱孔小而密；绞组内经线数多时，纱孔大而稀。

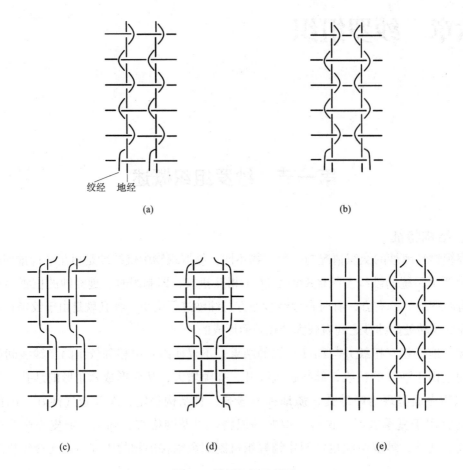

绞经 地经

(a)   (b)

(c)   (d)   (e)

图6-1 纱罗组织示意图

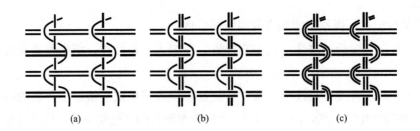

(a)   (b)   (c)

图6-2 纱罗组织的几种绞组

    若每一绞孔中织入一根纬纱，则称为一纬一绞；若每一绞孔中织入两根及以上的纬纱，则分别称为二纬一绞、三纬一绞等。图6-1（a）（b）所示均为一纬一绞，图6-2（a）（b）所示均为二纬一绞。

    在纱罗组织中，根据绞经与地经绞转方向的不同又可分为顺绞和对绞两种。绞经与地经绞转方向一致的纱罗组织称为一顶绞，简称顺绞，如图6-1（a）所示。绞经与地经绞转方向相对称的纱罗组织称为对称绞，简称对绞，如图6-1（b）所示。

　　此外，根据绞经在纬纱的上面或下面，又分为上口纱罗和下口纱罗。上口纱罗的绞经永远位于纬纱之上，下口纱罗的绞经永远位于纬纱之下。

　　纱组织或罗组织又可和基本组织以及其他组织联合，形成各种花式纱罗组织。如图6-3所示为几种复杂（花式）纱罗组织结构图。图6-3（a）（b）具有仿针织品经编织物效应，图6-3（c）具有装饰感强的刺绣效果。

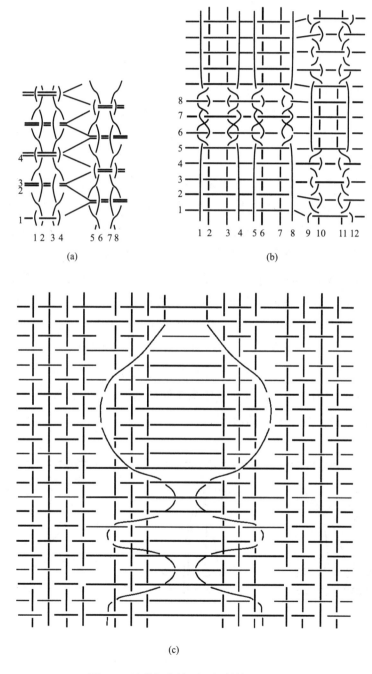

图6-3　几种复杂纱罗组织结构图

第二节　纱罗组织的形成原理

纱罗组织织物的绞经与地经之所以能够形成扭绞，是由于织造这种织物时，使用了特殊的绞综装置和穿综方法，并根据组织要求，有相应的梭口形式与之配合，有时还配合辅助机构。

一、绞综

制织纱罗织物的绞综有线制的和金属钢片制的两种。线制绞综结构简单，操作方便，一般用于大提花纱罗组织。金属绞综结构较为复杂，制作成本较高，但应用方便，使用寿命长。一般地，制织平素纱罗织物时以使用金属绞综为主。

1. 线制绞综

线制绞综的结构如图6-4所示，由基综和半综联合而成。目前，生产中使用的基综有两种，一种是普通金属综丝，使用寿命较长，如图6-4（a）（c）所示；另一种是线基综，用较细的尼龙线穿过一玻璃的或铜的目销子的上、下孔眼，目销子中间孔眼穿有半综，如图6-4（b）所示。线制基综使用寿命较短，但适用于制织经密较大的纱罗组织。

半综为尼龙线制成的环圈，也有上半综和下半综之分。下半综上端穿过基综综眼，下端固定在一根棒上，由弹簧控制，称作下半综，如图6-4（a）（b）所示。上半综用于下端穿过的基综综眼，上端固定在一根棒上，也由弹簧控制，称为上半综，如图6-4（c）所示。下半综用于上开梭口和中央闭合梭口的织机，使用较多。上半综用于下开梭口的织机，使用较少。半综按环圈头的伸向不同，又有左半综和右半综之分。凡半综环圈头伸向基综左侧，即绞经位于基综之左的称为左半综；凡半综环圈头伸向基综右侧，即绞经位于基综之右的称为右半综。上机时，半综杆位于基综的前方。

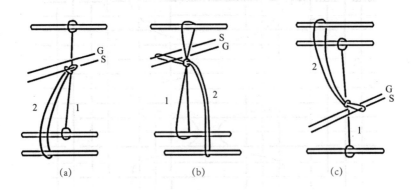

图6-4　线制绞综
1—基综　2—半综　G—地经　S—绞经

2. 金属绞综

如图6-5所示为一副金属绞综，它由左右两根基综丝和一片骑综
（半综）组成。每根扁平钢基综丝由两薄片组成，它的中部有焊接点将
两薄钢片连为一体。骑综的每一支脚伸入一片基综上部两薄片之间，并
由基综的焊接点托持。基综这样的特殊构造，可以实现不管哪根基综丝
提升，骑综都能跟随上升。

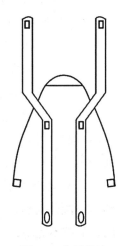

除用骑综制织纱罗织物以外，还可以用成排的带孔针综，在梭口闭
合时，相互横动，再以开口的方式起绞，从而织造纱罗组织的方法，用
以织造密度不大的蚊帐用布和工业网格布等，采用这种方法的织机速度
快，效率高，但品种适应性差。

图6-5所示为下骑综模式，它可使绞经与地经扭绞，制织成上口
纱罗。如果将图6-5所示金属绞综上下颠倒，得到的就是上骑综（骑
综两脚向上）模式，就可制织成下口纱罗。除特殊需要以外，一般

图6-5　金属绞综

都使用下骑综起绞的方法。因为上骑综模式下的上机设计和操作都与习惯不同，很不方
便；织造时基综大部分时间都需保持在提升状态，机器损耗大，且妨碍观察经纱，处理
断头困难，故下面都是以下骑综模式为例，说明纱罗织造的基本方法。

二、穿经方法

纱罗织物的穿经方法与一般织物不同，其绞经除需穿入骑综综眼外，还要穿过后综（也
有在织纱组织时，省去后综，改用张力调节杆代替）。

纱罗织物的地经和绞经是成组出现的，每一个绞组可以有若干根绞经与若干根地经组成
（一个绞组的经纱至少包括一根地经和一根绞经）。绞组中，绞经与地经的穿法如下：绞经
穿过骑综综眼后还要穿入后综，而地经必须从同一绞组所在的两根基综中间通过以后，再穿
过地综。

同一绞组的绞经和地经的相互位置，由穿综时决定。根据它们位置的不同，可有两种
穿法。

1. 右穿法

目前，右穿法是行业普遍采用的穿法，因地区不同，穿法名称不一样。如图6-6（a）所
示，（从机前看）基综1在绞组经纱之左前，基综2在绞组经纱之右后，绞经在地经之右穿入
骑综时，称右穿法（或称左绞穿法）。

2. 左穿法

基综1在绞组经纱之右前，基综2在绞组经纱之左后，绞经在地经之左穿入骑综时，称为
左穿法（或称右绞穿法）。

三、纱罗织物的起绞

1. 梭口的分类

根据骑综在地经的左侧或右侧上升，分普通梭口、开放梭口和绞转梭口。

（1）普通梭口。地综提起，同一绞组的地经提升形成梭口上层；两根基综和后综不动，绞经不动，形成梭口下层，如图6-6（b）所示。

（2）开放梭口。地综不动，同一绞组的地经不动，形成梭口下层；右基综提起，带动骑综右倾并提起，使绞经在地经的右侧（右穿法）上升，形成梭口上层，此时，后综可以提起，利于平衡绞经张力，如图6-6（c）所示。

（3）绞转梭口。地综不动，同一绞组的地经不动，形成梭口下层；左基综提起，带动骑综左倾并提起，使绞经从地经的右侧经过下面绕到地经的左侧并提升，形成梭口上层，此时，后综不能动，否则会造成绞经或地经的崩断，如图6-6（d）所示。

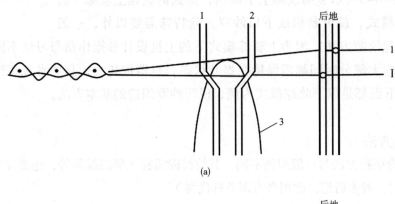

(a)

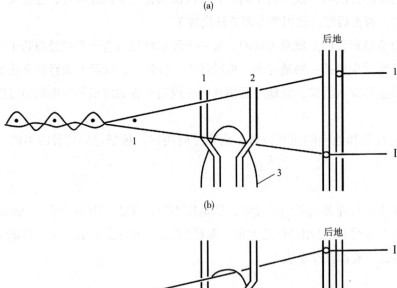

(b)

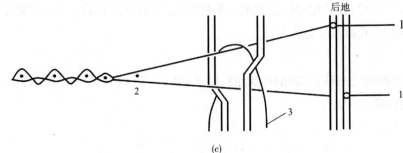

(c)

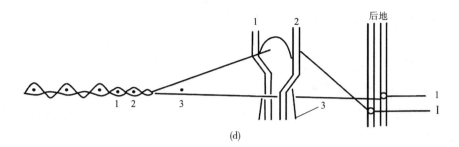

图6-6　纱罗组织各种梭口形成

2. 线制绞综的三种梭口形成

由于线制绞综与金属绞综结构不一样，形成上述三种梭口的提综情况也有差别，现分述如下。

（1）普通梭口。后综、基综及半综不动，地综提升。如图6-7（a）所示，当织第6纬时，地经由地综带动上升形成梭口上层，绞经形成梭口下层。绞经仍在地经的右侧，与织第5纬时它们的相对位置相同。

（2）开放梭口。地综与基综静止不动，后综和半综提升。如图6-7（b）所示，当第5纬织入时，后综和半综提升使扭绞到地经左侧的绞经从地经下方回到地经的右侧（即原上机位置）上升，形成梭口的上层。地综不动，地经仍为梭口下层。

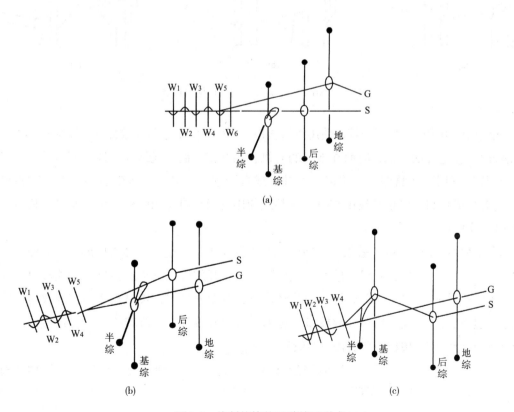

图6-7　线制绞综的三种梭口形式

（3）绞转梭口。后综与地综静止不动，基综和半综提升。如图6-7（c）所示，采用右半综右穿法，即原上机位置为绞经在地经右侧。当第4纬织入时，基综和半综提升，使绞经从地经下方转绕到地经左侧升起，形成梭口的上层。由于地综不动，地经为梭口的下层。

3．金属绞综的三种梭口形成

下面以常用的右穿法为例，进一步说明金属绞综三种梭口的形成。原上机位置为绞经位于地经的右侧。

（1）普通梭口。除地综提升外，其余综均不动。如图6-8（a）所示，地经升起形成梭口上层，绞经为梭口下层，绞、地经相对位置与前一纬状况相同。

（2）开放梭口。前基综和地综不动，后基综、骑综和后综提升。如图6-8（b）所示，绞经在原上机位置（即地经右侧）升起形成梭口上层，地经不提升，为梭口下层。

（3）绞转梭口。后基综、后综及地综不动，前基综和骑综提升。如图6-8（c）所示，绞经从地经下方扭转到地经左侧升起形成的梭口上层，地经不提升，为梭口下层。

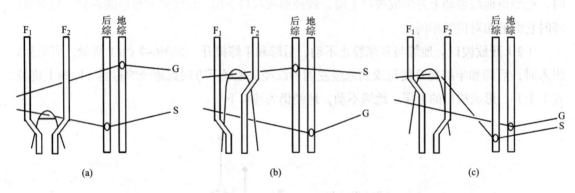

图6-8　金属绞综的三种梭口形式

制织绞纱组织时，只要交替地使用绞转梭口［图6-8（c）］与开放梭口［图6-8（b）］，使绞经时而在地经的左侧，时而在地经的右侧，相互扭绞而形成纱孔。地综不运动，地经始终位于梭口下层，而骑综每一梭都要上升，或者随基综上升，或者随后综上升，它不可能自己提升形成梭口。制织平纹组织时，交替地使用普通梭口［图6-8（a）］与开放梭口［图6-8（b）］即可。

制织横罗组织时，由于采用了绞纱组织和平纹组织，因此，三种梭口形式均需使用。例如，制织三梭罗，梭口顺序为：开放梭口→普通梭口→开放梭口，绞转梭口→普通梭口→绞转梭口；制织五梭罗，梭口顺序为：开放梭口→普通梭口→开放梭口→普通梭口→开放梭口，绞转梭口→普通梭口→绞转梭口→普通梭口→绞转梭口。

图6-8所示绞经与地经的相互位置与纬纱交织所形成的织物结构如图6-9所示。

织入第一纬，形成普通梭口，地综上升。

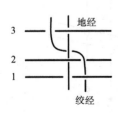

图6-9　纱罗三种梭口形成结构示意图

织入第二纬，形成开放梭口，基综2与后综上升。

织入第三纬，形成绞转梭口，基综1上升。

根据上述三种梭口的变化，再加上绞经与地经穿入基综左右位置不同，以及一个绞组中的绞经、地经根数不同和组织的不同，可以形成各式各样的花式纱罗组织，如图6-10所示。

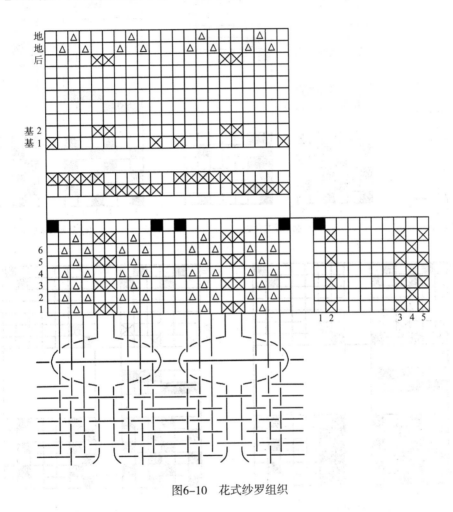

图6-10　花式纱罗组织

第三节　纱罗组织的绘制与上机

一、组织图与上机图的绘制方法

纱罗组织由于经纬交织结构及其织造条件的特殊性，其组织图与上机图的绘作也与其他各类组织不同。采用不同的绞综装置或不同的穿综方法制织相同的纱罗组织时，上机图也有所不同。组织图与上机图的绘制方法有线条绘制法与方格图绘制法两种，这里仅介绍方格图绘制法。

以图6-11所示的简单纱罗组织为例，说明纱罗组织的组织图与上机图的绘作方法。要说明的是，绞综均采用下骑（半）综模式。

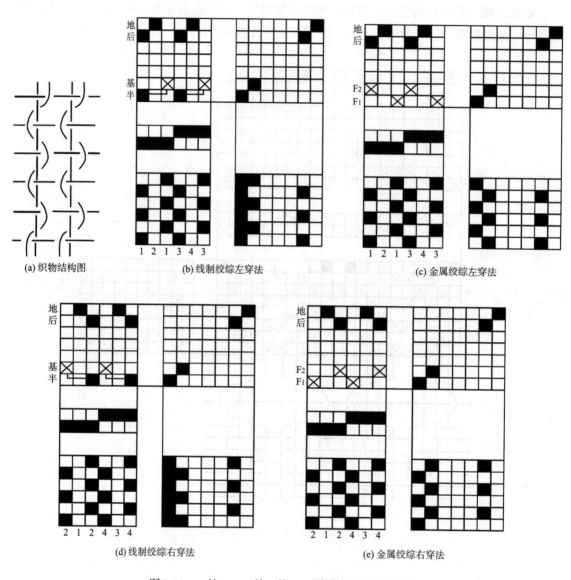

图6-11　一绞一、一纬一绞、一顺绞纱罗组织上机图

图6-11中，（a）为织物结构图，组织特征是：绞经：地经=1：1（一绞一），一纬一绞，一顺绞。（b）为线制绞综左穿法上机图，（c）为金属绞综左穿法上机图，（d）为线制绞综右穿法上机图，（e）为金属绞综右穿法上机图。

1. 组织图

由于纱罗组织中绞经时而在地经左侧，时而在地经右侧，所以，绘组织图时，一根绞经需在地经的两侧各占一纵行，并标以同样的序号。每绞组的经线究竟占几纵格，需根据绞组结构而定。如一绞二，一绞组内有2根地经、1根绞经，则一个绞组需占用四纵行，中间二纵行代表地经，两侧的一纵行代表同一根绞经；如果是二绞二，一个绞组需占用六纵行，中间二纵行代表地经，两侧的二纵行共代表2根绞经。图6-11的组织图中符号"■"表示绞经经组织点。若出现地经经组织点，则可用符号"⊠"表示。由于上机时采用的左、右穿法不同，同一绞组的绞经、地经序号也不同。

2. 穿筘图

与其他组织的穿筘图表示方法相同，但要注意，图6-11中，横向连续涂绘的三格仅代表1根绞经、1根地经穿入一个筘齿中，即为每筘穿入2根经纱。纱罗组织上机时，同一绞组的绞经、地经必须穿入同一筘齿中。

3. 穿综图

线制绞综上机图中，前两片综代表同一组绞综的半综与基综，半综在前，基综在后，用"■"表示半综圈环的位置，用"⊠"代表基综的位置。同一个绞综的半综与基综划上连线。半综与基综的左右位置根据上机时经线的穿法而定。图6-11（b）为绞经在地经的左侧，穿入半综环圈，基综位于地经的右侧，因此，采用的是左半综左穿法，上机时经线自左向右的排列顺序为：绞、地、绞、地……图6-11（d）为绞经在地经的右侧，穿入半综环圈，基综位于地经的左侧，采用的是右半综右穿法，上机时经线自左向右的排列顺序为：地、绞、地、纹……然后，空开3～4片综，分别配置后综与地综，后综在前，地综在后。

金属绞综上机图中，前两片综代表同一副（组）绞综的前基综与后基综。由于前基综与后基综是分别提升的，故无连线，图中均用"⊠"表示它们的位置，后综位置与后基综相同，在同一纵行上。不难看出，图6-11（c）为左穿法，图6-11（e）为右穿法。

4. 纹板图

表示方法与其他组织的纹板图绘法相同。值得注意的是，线制绞综基综与半综提升形成起绞转梭口，后综与半综提升形成开放梭口，为此，半综在起绞转梭口和开放梭口时均需提升；金属绞综起绞转梭口时，仅前基综提升，后基综不提升，起开放梭口时，后综与后基综同时提升。

二、纱罗织物上机

（1）纱罗织物的绞经与地经织造缩率不等，有时差异很大。因此，制织时，需要考虑是否采用两个经轴。在绞经与地经的织造缩率相差不大，或者经线原料拉伸弹性好等情况下，应尽可能采用单经轴织造。

（2）同一绞组中的绞经与地经必须穿在同一筘齿中，否则无法实现绞、地经之间的扭绞。例如，绞经、地经一绞一时，应为2穿筘或4穿筘；一绞二、二绞一时应为3穿筘或6穿筘，以此类推。有时为了强调纱罗织物扭绞的风格，加大纱孔，采用空筘法或花式穿筘法。

（3）为了保证开口的清晰度，减少断经，绞综位置应尽可能偏向机前，后综与地综布置在机后，绞综与后综、地综之间的间隔以3～4片综框（即6～7cm）为宜。对于绞经、地经合轴制织的品种，尤其要求保证这一间隔距离。

（4）起绞转梭口时，由于绞经与地经扭绞，绞经承受的张力较大。为了减少断经和保证梭口的清晰，机上应配置张力调节装置，在起绞转梭口时送出较多的绞经，以调节绞经的张力。通常以多臂织机的最后一片综框控制摆动后梁来实现。

（5）采用金属绞综制织纱罗织物，综平时，应使地经稍高于骑综的顶部4~5mm，以便绞经在地经之下顺利绞转；采用线制绞综制织纱罗织物，综平时应使绞综综眼低于地综综眼，半综环圈头伸出基综综眼2~3mm，以便绞经在地经之下顺利地左右绞转，形成清断（晰）梭口。

三、纱罗组织上机图实例

实例1：如图6-12所示，（a）为织物结构图，组织特征是：一绞一，五梭罗，对称绞。（b）和（d）为线制绞综上机图，（c）和（e）为金属绞综上机图。制织对称绞纱罗组织，一般有绞经对称穿法和绞经一顺穿法两种。

绞经对称穿法：如图6-12（b）（c）所示，相邻两个对称绞组的绞经分别采用左穿法和右穿法的联合穿法。组织图中，第一个绞组为左穿法，第二个绞组为右穿法，绞经序号分别为1、4，地经序号分别为2、3。绞经对称穿法的优点是综框数并不增加，但穿综比较麻烦，容易穿错。多臂织机因综框有限，所以，多采用对称穿法。

绞经一顺穿法：如图6-12（d）（e）所示，相邻两个对称绞组的绞经均采用左穿法或右穿法（本例为左穿法），但由于它们的梭口形式不同，即第一个绞组起绞转梭口时，第二个绞组起的是开放梭口；第一绞组起开放梭口时，第二绞组起绞转梭口。因此，所用的后综及绞综数量必须增加一倍。组织图中，绞经序号分别为1、3，地经序号分别为2、4。绞经一顺穿法由于综框数增加，一般适合在提花机上使用。

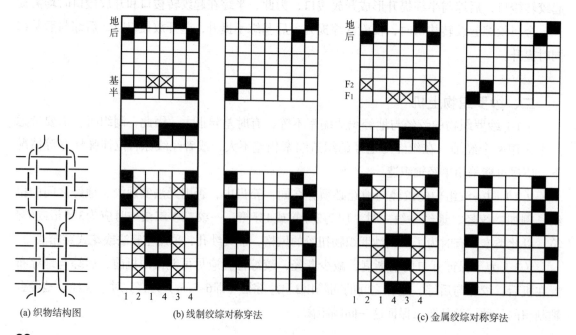

(a) 织物结构图   (b) 线制绞综对称穿法   (c) 金属绞综对称穿法

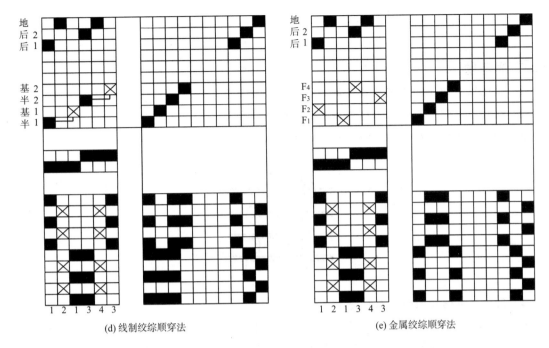

(d) 线制绞综顺穿法　　　　　　(e) 金属绞综顺穿法

图6-12　纱罗组织上机图实例1

实例2： 如图6-13所示，（a）为织物结构图，其组织特征是：普通平纹组织与绞纱组织左右并列构成的直罗组织，绞纱部分为一绞一、一纬一绞的对称绞。（b）为金属绞综对称穿上机图。上机时，绞组中的地经穿入地综5，平纹中的经线分别穿入地综1、2、3、4。织造过程中地综5不提升，地综1、2、3、4按平纹规律运动。为增强纱孔效果，适当采用空筘措施，图中穿筘图内的"☉"表示空一筘齿。

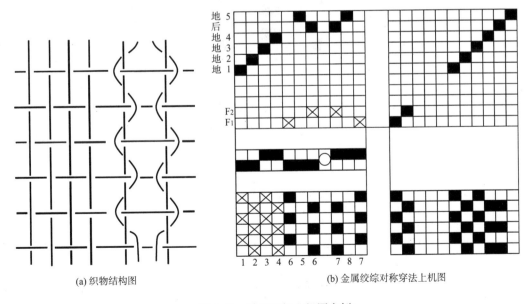

(a) 织物结构图　　　　　　　　(b) 金属绞综对称穿法上机图

图6-13　纱罗组织上机图实例2

☞ **思考题**

1. 简述纱罗组织的类别及各自的特征。

2. 比较纱罗组织与透孔组织形成"孔"的不同之处。

3. 描述下图纱罗组织的绞组，并作上机图。

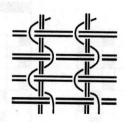

4. 简述花罗组织的特点与用途。

5. 查阅资料了解香云纱、杭罗等传统纱罗产品的相关知识，简述其产品特征。

6. 简述制织纱罗织物的两种绞综类型及其形成纱罗组织的机理特征。

7. 举例说明线制绞综上机图与金属绞综上机图绘制的区别。

8. 以金属绞综为例，简单绘制纱罗织物起绞时的三种梭口形式。

9. 为了保证绞经、地经良好地纽绞，讨论织造时可采取的措施。

10. 根据下图中的纱罗组织图，试作上机图，并画出相应的结构图。

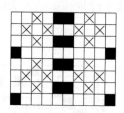

第七章 三维机织组织

纺织复合材料的重要构成要素是纺织结构增强预型件,一个重要的发展方向是整体结构纺织预型件的设计与制备。随着整体结构纺织复合材料的发展,三维织物作为纺织复合材料的整体增强材料有着广阔的应用前景。三维织物按成型方法,分为机织、针织、编织及非织造四大类。其中,三维机织物是近年来备受关注的纺织结构预型件之一。三维机织物一般是指在厚度方向存在明显的纤维束分布的机织物,从这个意义上讲,多层接结织物也属于三维机织物。三维机织物的层间有纱线连接,从而显著提高了最终制品厚度方向的力学性能。三维机织物因其制备工艺相对成熟、制备方法多样,克服了二维层合复合材料层间强度低、易分层破坏等缺点,具有比强度高、比模量高、抗冲击性好、可设计性强等优点,广泛应用于航空航天、军事、汽车、建筑、医疗等领域。

第一节 三维机织组织分类

根据纱线交织规律的不同,二维机织物基础组织可分为平纹、斜纹和缎纹,由这三种基础组织变化组合,又可衍生出多种多样的复杂组织。同理,三维机织物的基础组织常常分为正交互联锁、角联锁和多层接结互联锁组织三种,由这三种组织变化组合,又可衍生出各种复杂组织结构的三维机织物。进而,由于三维机织物不仅有一定空间上的纤维束的取向和分布,而且有外观形态的差异,因此,三维机织物又会有相对应的不同的分类方法。

一、按三维机织物结构分类

三维机织物一般是通过接结纱将多层织物连接在一起构成的,接结纱又称捆绑纱、Z向纱,根据接结方式又可分为经纱接结和纬纱接结,用于连接各层织物的那部分经(纬)纱就称为接结经或接结纬。

根据接结纱与经纱层、纬纱层交织方式和倾斜角度的不同,基础组织中的正交互连锁可分为整体正交和层间正交;角联锁组织可分为整体角联锁和层间角联锁;多层接结互联锁又分为自身互联锁和附加纱互联锁。改变经纱和纬纱的层数、接结纱的浮长和分布,就可得到各种各样的正交结构、角联锁结构和多层接结互联锁结构。

二、按三维机织物形态特征分类

根据形状和结构特征的不同，三维机织物可以分为三维平板状结构、三维柱状结构、三维中空结构等。

1. 三维平板状结构

常规的二维织物呈平面状，其厚度相对于长度、宽度而言是很小的，可以忽略不计。在普通织机上采用多层经、纬纱的织造方法，可增加织物的厚度，并使纱线沿厚度方向互相交织成一个整体。由于这种结构的织物厚度是由经、纬纱自身直径和层数决定的，厚度的增加受限制，所以，相对于长度、宽度而言，仍是较小的，称作三维平板状结构（图7-1）。

2. 三维柱状结构

三维柱状结构指织物厚度与长、宽度尺寸相当的三维立体结构。如图7-2所示，它是由三组纱线沿互相垂直的三个方向捆绑而成，为无交织三轴向正交接结的立体织物结构。纱线在织物中呈伸直状，无屈曲交织。

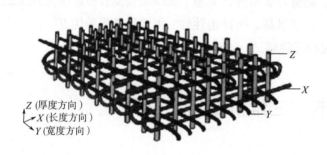 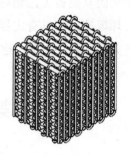

图7-1　三维平板状结构　　　　　　　　　　　图7-2　三维柱状结构

3. 三维中空结构

在两个及两个以上平板状织物之间，配有狭窄波状织物。平板部分和波状部分由纱线接结为一个整体。如图7-3所示为三维中空结构织物的经向剖面形状。

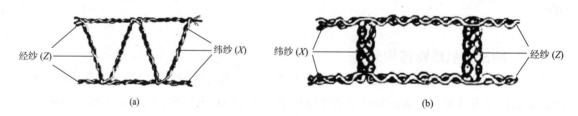

(a)　　　　　　　　　　　　　　　　　　　(b)

图7-3　三维中空结构

三、按三维机织物截面形状分类

根据截面形状的不同，三维机织物可分为型材织物、多孔织物、管状织物和壳体织物等。

其中，型材织物根据形状不同又可分为T形、工形、U形、L形等，多用于复合材料的增强体、连接件等，在建筑与航空领域用途广泛；多孔织物多在隔热、隔声和抗冲击环境下使用，其代表织物为蜂窝织物和间隔织物；管状织物多用于气体、液体运输以及人造血管等医疗领域；壳体织物主要用于头盔、天线屏蔽罩以及压力容器等，三维壳体织物结构如图7-4所示。

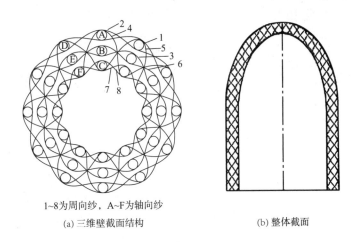

1~8为周向纱，A~F为轴向纱

(a) 三维壁截面结构   (b) 整体截面

图7-4 三维壳体织物结构

第二节 三轴向正交互联锁组织结构特征与上机

正交组织织物由经纱、纬纱和接结纱相互垂直交织而成，三个系统纱线呈正交状态配置，组成一个整体，这有利于充分利用纱线的固有特性，也可以提高在外力作用下的尺寸稳定性。在正交组织机织物中，根据接结纱与经纱、纬纱交织规律的不同，组织结构分为整体接结与层间接结两种，如图7-5所示。

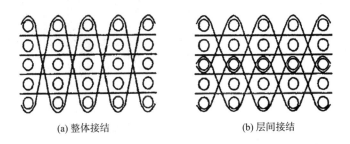

(a) 整体接结   (b) 层间接结

图7-5 正交组织

一、结构特征

三轴向正交互联锁织物由相互垂直的三个轴向纱线互连锁而成。如图7-6所示，（a）为经向剖面图，图中沿长度方向（X向）排列的一组纱线称为地经，沿厚度方向（Z向）的一组纱线

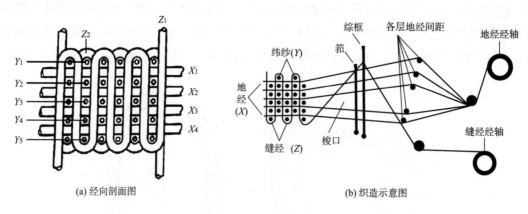

(a) 经向剖面图   (b) 织造示意图

图7-6 三轴向正交互联锁织物经向剖面图与织造示意图

为缝经或垂经，而沿宽度方向（Y向）的为纬纱。从织物经向剖面图可以想象出：当织物厚度较小时，长度方向的地经与厚度方向的缝经实质上均可沿一个方向即织物长度方向延伸，从而可以在普通织机上制织。（b）为织造示意图，采用两个经轴分别控制地经和缝经。

二、组织与上机

若织物的层数以纬纱层数n表示，图7-7即为一个五层结构的三轴向正交三维组织上机图。完全组织经纱循环$R_j=2\times(n-1)+2=2\times(5-1)+2=10$，其中地经8根，缝经2根。纬纱循环$R_w=2n=2\times5=10$。上机穿综采用分两区顺穿，缝经穿前区，地经穿后区。将一个重组中的缝经与地经穿入一个筘齿，便于经纱重叠。

设织物中经、纬纱直径相等，则织物的理论厚度计算如下：

$$T=\eta(2n+1)d \qquad (7-1)$$

式中：T——织物厚度，mm；

d——纱线直径，mm；

n——纬纱层数；

η——纱线在织物中的压扁系数。

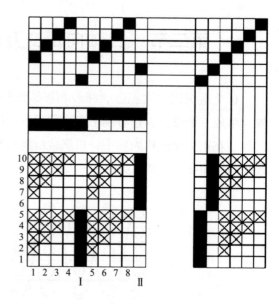

图7-7 五层结构的三轴向正交三维组织上机图

第三节　角联锁组织结构特征与上机

角联锁组织由2～4个纱线系统构成，即纬纱系统、经纱（接结经纱）系统、衬经系统、衬纬系统，前两个系统是构成三维角联锁结构必不可少的，而后两个系统是可选择的。角联锁结构的纱线不但沿织物的经纬向配置，而且有一部分纱线沿与织物的厚度方向呈一定角度的方向配置，从而增强了层间连接强度。

一、结构特征

如图7-8所示，通过改变经纱（接结经纱）的弯曲方向即可获得斜交（45°方向）和正交（90°方向）角联锁结构；通过变化正交角联锁结构中接结经纱的疏密，即每层都有接结经纱和隔层出现接结经纱，可获得两种不同的正交角联锁结构，隔层出现接结经纱的角联锁称为疏松正交角联锁；改变接结纱的接结层数可以得到多种角联锁，接结纱穿过整个厚度方向的称为贯穿角联锁；通过加入伸直的衬经或衬纬或同时加入两者，又可获得不同的角联锁结构。

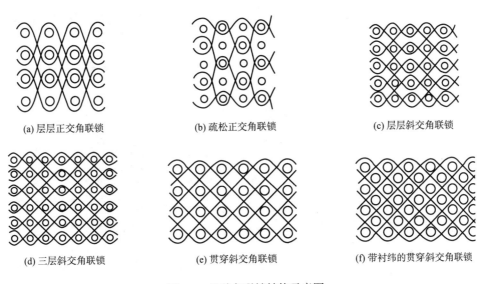

(a) 层层正交角联锁　　　　　　(b) 疏松正交角联锁　　　　　　(c) 层层斜交角联锁

(d) 三层斜交角联锁　　　　　　(e) 贯穿斜交角联锁　　　　　(f) 带衬纬的贯穿斜交角联锁

图7-8　几种角联锁结构示意图

二、组织与上机

1. 多重角联锁机织物

多重角联锁机织物采用两个系统的纱线交织而成，所以，可以在普通织机上制织。由于纬纱在打纬力的作用下容易重叠，实际应用中以多重纬角联锁结构为多，图7-9所示为多重角联锁结构。图7-9（b）（c）是多重纬角联锁结构，纬纱在织物厚度方向（Z向）构成重叠，而经纱在X方向以一定的倾斜角与多重纬纱进行角联锁状交织。

多重纬角联锁组织设计时，为了使角联锁时两根经纱形成的斜交叉口中均织入且只织入一根纬纱，重纬数n与角联锁组织经纱循环数、纬纱循环数之间的关系是：$R_j=n+1$，$R_w=n \times R_j$。若经、纬纱的直径相等，织物理论厚度$T=（2n+1）d$。图7-10所示为纬重数n取2~5的多重纬角联锁的组织图与经向剖面图。由于每一交叉口中均织入一根纬纱，织物厚度均匀一致。

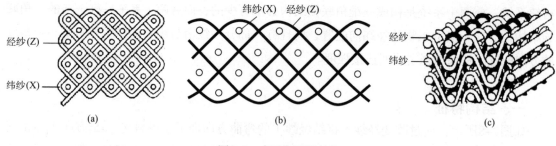

经纱(Z)

纬纱(X)

(a)　　　　　　(b)　　　　　　(c)

纬纱(X)　经纱(Z)

经纱

纬纱

图7-9　多重角联锁结构

图7-10中，（a）为$n=2$，$R_j=3$，$R_w=6$的二重纬结构；（b）为$n=3$，$R_j=4$，$R_w=12$的三重纬结构；（c）为$n=4$，$R_j=5$，$R_w=20$的四重纬结构；（d）为$n=5$，$R_j=6$，$R_w=30$的五重纬结构。

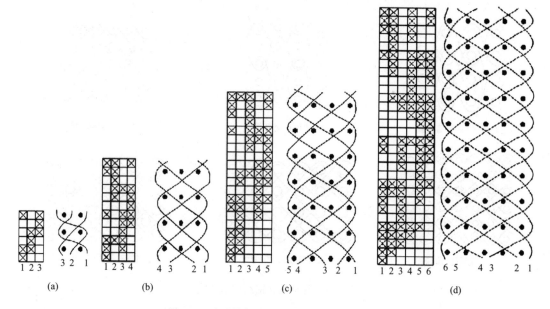

1 2 3　　3 2 1　　1 2 3 4　　4 3 2 1　　1 2 3 4 5　　5 4 3 2 1　　1 2 3 4 5 6　　6 5 4 3 2 1

(a)　　　(b)　　　　　(c)　　　　　　(d)

图7-10　多重纬角联锁组织图与经向剖面图

当纬重数n保持不变，若$R_j<n+1$时，便出现两根纬纱在一个交叉口中的共纬结构；若$R_j>n+1$时，便会出现纬纱空缺的交叉口，即空口结构。如图7-11所示，（a）为$n=4$，$R_j=4$的共纬结构；（b）（c）（d）分别为$n=4$，$R_j=7$的两列空口结构和$R_j=8$的三列空口结构。结构中空口的存在使织物的填充能力和压缩能力有所提高，只要适当配置经纱循环数和交织规律，便能使空口在织物中均匀排列，保证织物整体结构的均匀。倘若在图7-11（d）的空口中也织入纬纱，便形成每一交叉口中，仍均有纬纱织入的实口结构，如图7-11（e）所示。这种实口结构特点是纬重数沿经向交替出现n和$n-1$的排列情况。该织物中无空口存在，结构稳定，并增加了纤维含量和强度。

多重纬角联锁三维组织各根经纱的交织次数相同，可采用单经轴织造。上机综框数等于经纱循环数，可采用顺穿，也可采用飞穿。为了增加织物的厚度，该类织物的经、纬密

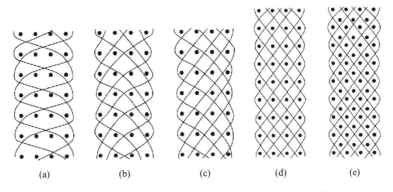

图7-11　$R_j \neq n+1$ 时多重纬角联锁组织图与经向剖面图

度通常较大。当经纱循环数不大时，宜将一个循环的经纱穿入一个筘齿，便于经纱重叠。

2．分层角联锁机织物

分层绞联锁结构特征为：经纱的接结不发生厚度方向上的贯穿，只是在层与层之间进行斜向交联，图7-12为分层角联锁三维机织物的经向剖面图和上机图。其中，图7-12（a）中显示接结经纱1、2、3、4为一类；5、6、7、8为另一类；9、10为面经纱；经纱循环数$R_j=10$，纬纱循环数$R_w=20$。采用10片综顺穿法。

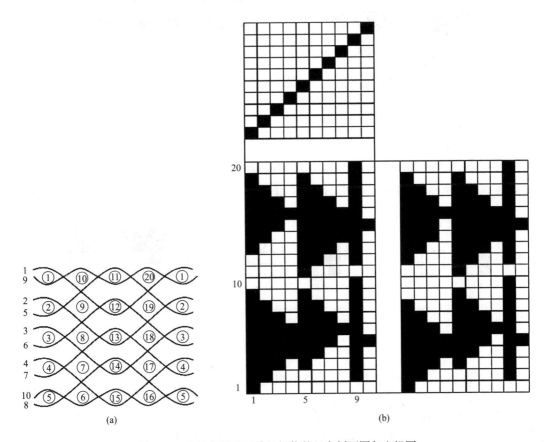

图7-12　分层角联锁三维机织物的经向剖面图与上机图

第四节　多层接结组织结构特征与上机

多层接结组织是采用多组经纬纱分别进行交织，并以一定的方式进行接结而形成的多层结构。纱线沿厚度方向相互交织在一起，即按一般概念的"层"之间相互连接在一起，这就提高了织物"层"之间的抗剪切能力。

一、结构特征

多层接结主要以经纱进行接结，接结方式大体分为两类：捆绑纱接结和自身经纱接结。其中捆绑纱接结是用一个独立系统的捆绑纱贯穿交织于上下层纬纱之间，将所有层数的织物或相邻若干层织物联结起来；自身经纱接结则利用织物中的某根经纱作为捆绑纱，经纱在交织的同时，通过上浮或下沉将相邻两层纬纱联结到一起。如图7-13所示。

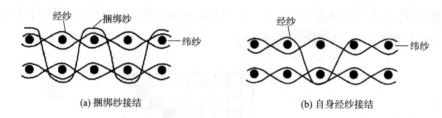

(a) 捆绑纱接结　　　　　　　　　　(b) 自身经纱接结

图7-13　多层接结的两种接结方式

二、组织与上机

设计的多层织物层数为n，可得出n层组织的单元组织A1和A2，前提是基础组织循环数必须为$R_j=R_w$的方形组织。如图7-14所示的单元组织。

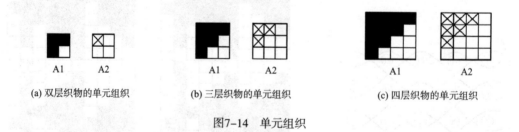

(a) 双层织物的单元组织　　　(b) 三层织物的单元组织　　　(c) 四层织物的单元组织

图7-14　单元组织

用单元组织A1和A2分别替代所选基础组织的经、纬组织点，即可得出多层织物组织图。如设计基础组织为$\frac{3}{3}$右斜纹的双层织物组织图，图7-15（a）为基础组织的组织图，用双层单元组织A1和A2，替代基础组织经、纬组织点，即A1单元组织替代经组织，A2单元组织替代纬组织，图7-15（b）为双层织物组织图。图中1，2，3……以及Ⅰ，Ⅱ，Ⅲ……分别表示不同层的经纱。

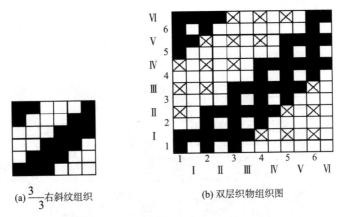

(a) $\frac{3}{3}$右斜纹组织

(b) 双层织物组织图

图7-15　双层接结织物的基础组织图

双层接结织物的接结组织图如图7-16所示。对于多层接结织物，还需再将接结组织加入基础组织图中。如将图7-16（a）接结组织（"△"表示第2层经纱与第1层纬纱交织的经组织点即接结点）加入图7-16（b）组织图中，便得到了双层接结织物（图7-17）。

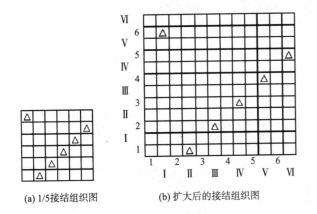

(a) 1/5接结组织图

(b) 扩大后的接结组织图

图7-16　双层接结织物的接结组织图

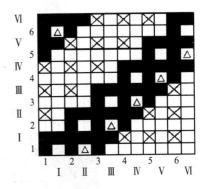

图7-17　双层接结织物组织图

用上述设计方法可以很方便地设计层数更多、接结组织更复杂的织物组织图，图7-18为多层接结机织物组织图。图7-18（c）（d）分别为利用上述方法设计的以平纹为基础组织的下接上3层接结织物组织图和联合接结5层织物组织图（"△"表示第3层经纱与第2层纬纱交织的经组织点，"◇"表示第3层经纱与第4层纬纱交织的纬组织点）。

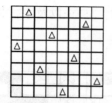
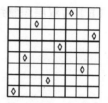

(a) 上接下3层织物的表层接结组织图　　　(b) 上接下3层织物的里层接结组织图

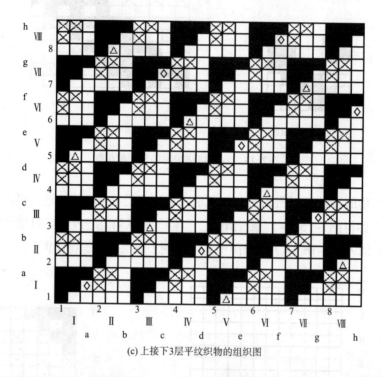

(c) 上接下3层平纹织物的组织图

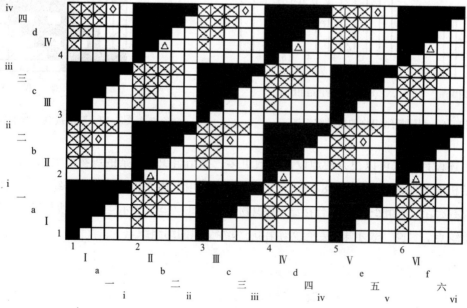

(d) 联合接结5层平纹织物组织图

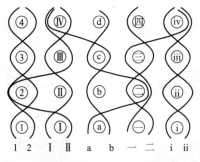

(e) 5层联合接结组织的经向截面图

图7-18　多层接结机织物组织图

第五节　间隔型结构三维组织结构特征与上机

　　间隔型三维机织物的成型机理及织造过程与其他层合三维织物、角联锁三维织物等实心型三维织物有很大的区别。间隔型三维织物的织造原理类似于接结经接结的多层织物。复杂之处在于完成多层之间接结的不是一组经纱而是一层织物。用普通织机生产这种间隔型三维织物，仍属于常规的二维织造过程。但必需使用多层经纱。通过多层经纱和纬纱交织，生产出具有一定厚度的实心状或空心状的三维织物。下文以V形和工字形间隔织物为例进行说明。

一、V形间隔织物

1. V形间隔织物结构特征

　　由图7-19中织物形态示意图可知，V形接结间隔型三维织物可以看作是由3个部分组成，即表面平板层、波形接结层和里面平板层。中间的波形接结层既与表面平板层接结又与里面平板层接结，使这三部分成为一个坚牢不可分的整体。

2. V形间隔织物组织与上机

　　考虑到角联锁结构的应用限制，表面平板层和里面平板层有2层纬纱，为了使中空效果明显，波形接结层有7层纬纱。设计的V形接结间隔型角

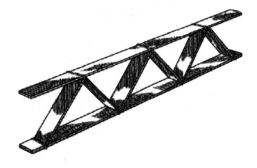

图7-19　V形间隔织物形态示意图

联锁结构如图7-20所示，经纱1、2、3与7、8、9送经量相同，但与4、5、6差异较大，织造时最好分别绕在两根经轴上。为了使立体效果明显，每筘9入，采用顺穿法，故纹板图与组织图相同。

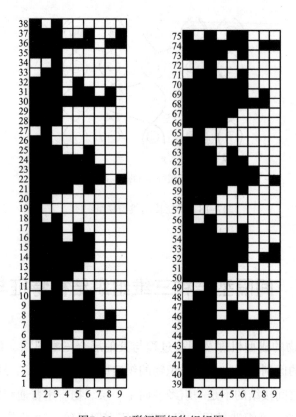

图7-20　V形间隔织物组织图

由于织物是间隔型的，要求下机后织物的两个平板层能被接结的波形层撑开，因此，织表面平板层、波形接结层、里面平板层的纬线应相对独立。用有梭织机织造时，梭子需独立分开，纬线组数（即梭子数）与经线组数要保持一致。

二、工字形间隔织物

1. 结构特征

工字形间隔织物（图7-21）包括上层、下层和中间层，中间层均匀垂直排列在上、下两层织物之间，且相邻两个中间层与上、下层形成了矩形填充空间。由于其截面结构较为特殊，类似于一个个的"工"字，故称之为工字形间隔织物。

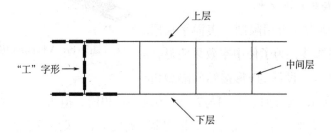

图7-21　工字形间隔织物截面结构示意图

2. 织造专用机构

异步多辊卷取机构（图7-22）是工字形间隔织物机织织造采用的一种专用机构。该卷取机构工作方法为：当具有表里两部分的多层织物1的表部需要卷取时，上卷绕系统的上卷取辊3按照上机工艺参数逆时针转动，带动紧贴在上卷取辊3表面的多层织物1的表部移动，实现表部织物卷取，里部织物不卷取；当多层织物1的里部需要卷取时，下卷绕系统的下卷取辊8按照上机工艺参数顺时针转动，带动紧贴在下卷取辊8表面的多层织物1的里部移动，实现里部织物卷取，表部织物不卷取。在织物张力的作用下，暂存在上卷取辊3和下卷取辊8之间的孔隙中的表部织物会与里部织物一起从张力辊9的左侧绕过，卷绕到卷布辊10上。交替进行上卷绕系统和下卷绕系统的运行，实现多层织物1的表部和里部的异步卷取，最后将立体化多层织物收卷到卷布辊10上。

3. 组织与上机

通过变换织物的表、中、里组织，可设计并制织出特定规格要求的工字形间隔织物，如图7-23所示的一种工字形结构织物，包括上层、中间层和下层。

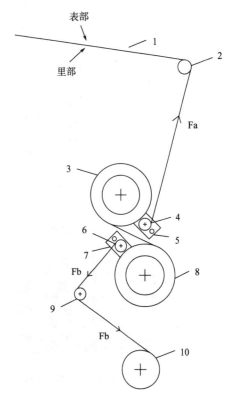

图7-22　异步多辊卷取机构的结构示意图

1—从织口引出的具有表里两部分的多层织物　2—导布辊
3—上卷取辊　4—上压布杆　5—上滑槽　6—下压布杆
7—下滑槽　8—下卷取辊　9—张力辊　10—卷布辊

上、下层的基础组织都为平纹，为使上、下层织物正、反面效果相同，上层组织为单起平纹组织，下层组织为双起平纹组织。上层组织经纱用1，2，3……表示，纬纱用S1，S2，S3……表示；下层组织经纱用Ⅰ，Ⅱ，Ⅲ……表示，纬纱用X1，X2，X3……表示。上、下层基础组织的经纱循环数为4，纬纱循环数为8，分别如图7-23（a）和（b）所示。

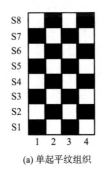

(a) 单起平纹组织

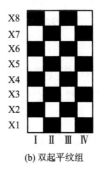

(b) 双起平纹组

图7-23

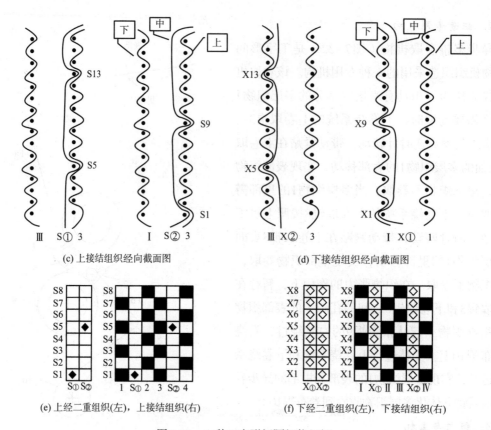

(c) 上接结组织经向截面图   (d) 下接结组织经向截面图

(e) 上经二重组织(左)，上接结组织(右)   (f) 下经二重组织(左)，下接结组织(右)

图7-23　一种工字形间隔织物组织

当织造中间层时，中间层的经纱与上层或下层经纱分开，单独进行织造，采用组织为经重平组织，中间层经纱用①，②，③……表示；当中间层经纱与上层或下层经纱汇合在一起织造时，中间层组织为上经二重组织或下经二重组织，中间层、上层、下层按照一定的经纱排列顺序接结在一起所形成的组织为上接结组织或下接结组织。与上层接结在一起的经纱（上里经纱）用S①，S②，S③……表示；与下层接结在一起的经纱（下里经纱）用X①，X②，X③……表示，纬纱用Z1，Z2，Z3……表示。

选用上层组织的第1、第3根经纱作为上经二重织物组织经向截面图的表经纱，下层组织的第Ⅰ、第Ⅲ根经纱作为下经二重织物组织经向截面图的表经纱。为清晰表现里经纱与表经纱、纬纱的交织规律，经向截面图［图7-23（c）和（d）］中展示两个纬纱循环，即16根纬纱。在一个组织循环中，上里经纱S①与上表经纱1的交织纬纱为第1根纬纱S1，上里经纱S②与上表经纱3的交织纬纱为第5根纬纱S5；下里经纱X①与下表经纱Ⅰ的交织纬纱为第1根纬纱X1，下里经纱X②与下表经纱Ⅲ的交织纬纱为第5根纬纱X5。上、下经二重织物的组织图如图7-23（e）和（f）所示。

本例中的工字形间隔织物为分段织造，所用纬纱组织循环较大。为减少经纱的摩擦，使经纱开口清晰，采用分区穿法，上层经纱穿在前区，中层经纱穿在后区，下层经纱穿在上层与中层的中间区域。组织循环的经纱数为10，纬纱数为32。上机图如图7-24所示。

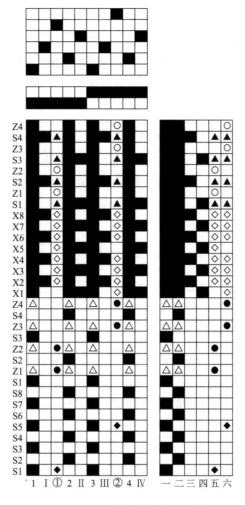

图7-24 工字形间隔织物上机图

△—在上接结组织中投入中间层纬纱时，上层经纱提起的经组织点

▲—在下接结组织中投入上层纬纱时，中间层经纱提起的经组织点

●，◎—中间层的经组织点

4. 织造过程

工字形间隔织物采用两个花轴和一个地轴组成的三轴送经系统，结合异步交错卷取机构进行织造。中间层经纱捆绑于一个花轴上，表层的经纱捆绑在另一个花轴上，里层经纱捆绑在地轴上。

工字形间隔织物织造时，形成上层投入的纬纱称为表纬，表层经纱与表纬单独交织形成的上层织物称为Sd层，表层、中间层经纱汇合在一起与表纬交织形成的上层织物称为S层；形成下层投入的纬纱称为里纬，里层经纱与里纬单独交织形成的上层织物称为Xd层，里层、中间层经纱汇合在一起与里纬交织形成的上层织物称为X层；形成中间层投入的纬纱为中间纬，中间层经纱与S层分离后形成的层称为Z1中间层，与X层分离后形成的中间层称为Z2中间层。在形成的工字形间隔织物中，中间层投纬数为j，总共投纬数为J纬，织造长度为h。上层与下层一同形成阶段的投纬数为i，上层和下层总投纬数都为$f=J+i$。在织造起头阶段，中间层经纱需要与表层或里层经纱融为一层，形成工字形间隔的上层或下层，另外一层为单独一层。这里以表层和中间层经纱在一层为例，形成的织物层称为Q层，工字形间隔织物的上层与上卷取辊紧贴，工字形间隔织物的下层与下卷取辊紧贴，起头阶段，所织入的纬纱数为a。织机织口位置为t1处，具体织造过程如下：

第一阶段，织造Q层。中间层经纱与表层经纱合并与表纬交织，一起形成工字形间隔织物的Q层。开始织造时，花轴L1和L2正常送经，地轴停止送经，上卷取辊正常卷取，下卷取辊停止卷取，引纬机构正常引纬，形成起头阶段的Q层，直到Q层织入所需要的纬纱数a，Q层织口位于t1位置处，起头阶段完成，如图7-25所示。

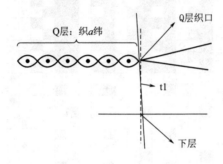

图7-25　工字形间隔织物织造第一阶段（Q层）

第二阶段，Sd层、中间层（Z1中间层）成形。中间层的经纱从Q层经纱中分离出来，表层经纱与表纬交织，中间层经纱与中间纬纱交织，分别形成工字形间隔织物的上层和中间层即Sd层和Z1中间层。如图7-26所示。织造时，两个花轴正常送经，地轴停止送经，上卷取辊正常卷取，下卷取辊仍停止卷取，引纬机构正常引纬，形成工字形间隔织物的Sd层和Z1中间层，直到织入Z1中间层所需要的纬纱数J，Z1中间层织造完成。Sd层和Z1中间层织口仍位于t1位置处，如图7-26所示。

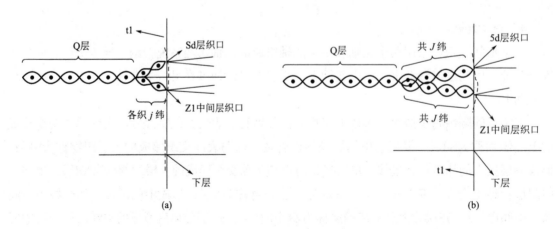

(a)　　　　　　　　　　　　　　　　　(b)

图7-26　工字形间隔织物织造第二阶段（Sd层和Z1中间层）

　　第三阶段，下层（X层）成形。从Z1中间层与里层经纱汇合后打入的第一根里纬开始，下层经纱开始织造成形。Z1中间层经纱与里层经纱合并一起与里纬交织形成工字形间隔织物的下层（X1层），如图7-27（a）所示。织造时，第二个花轴和地轴正常送经，第一个花轴停止送经，即上层经纱不进行织造，上卷取辊停止卷取，下卷取辊开始卷取，引纬机构正常引纬，直至织入J根纬纱，Z1中间层立起，X层成形阶段织造完成。此阶段Z1中间层的织口已经与X1层织口合并，形成X层织口，上、下层织口仍位于t1位置处，如图7-27（b）所示。

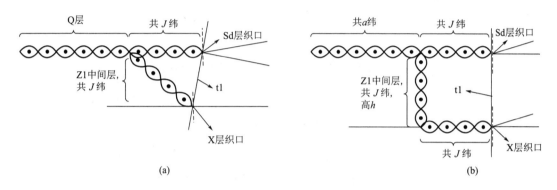

图7-27　工字形间隔织物织造第三阶段（X层）

　　第四阶段，Sd层和X层成形。从打入的第$J+1$纬开始，工字形间隔织物的上层与下层一起形成。此阶段形成的上、下层织物与第二和第三阶段形成的下、上层织物一样，因此，称此时形成的上、下层为Sd层和X层。织造时，两个花轴和地轴一起送经，上卷取辊与下卷取辊一同卷取，织机正常投纬，Sd层、X层织口仍位于t1位置处，直至织入所需要纬纱数i，第四阶段织造完成。工字形间隔织物的方格边长为$J+i$，如图7-28所示。

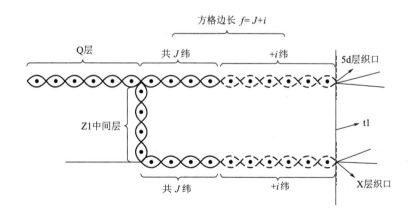

图7-28　工字形间隔织物织造第四阶段（Sd层和X层）

　　第五阶段，下层（Xd层）、中间层（Z2中间层）成形。此时中间层经纱从X层经纱分离出来，单独与中间纬纱交织形成中间层，称为Z2中间层，下层经纱单独与里纬交织形成下层织物，称为Xd层，如图7-29（a）所示。织造时，第2个花轴和地轴正常送经，第一个花轴停止送经，上卷取辊停止卷取，下卷取辊仍正常卷取，引纬机构正常引纬，形成工字形间隔织物的Xd层和Z2中间层，直到织入Z2中间层所需要的纬纱数J，Z2中间层织造完成。Sd层、Xd层和Z2中间层织口仍位于t1位置处，如图7-29（b）所示。

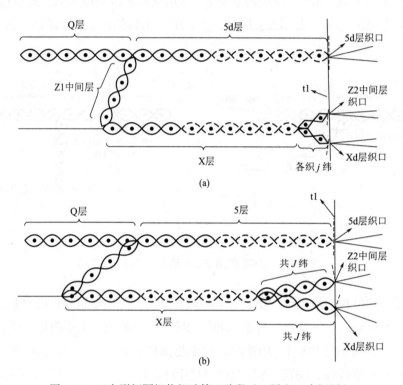

图7-29　工字形间隔织物织造第五阶段（Sd层和Z2中间层）

第六阶段，上层（S层）成形。从Z2中间层与Sd层经纱汇合后打入的第一根纬纱开始，工字形间隔织物的上层开始织造成形，称为S层，如图7-30（a）。织造时，两个花轴正常送经，地轴停止送经，上卷取辊开始卷取，下卷取辊停止卷取，引纬机构正常引纬，直至织入J根纬纱，Z2中间层立起，S层成形阶段织造完成。S层、Xd层织口仍位于t1位置处，如图7-30（b）所示。

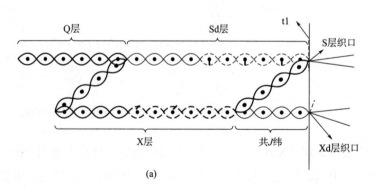

(a)

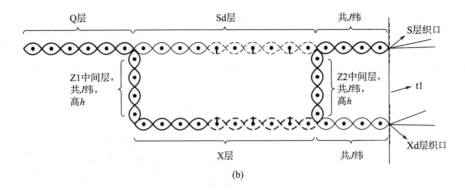

图7-30 工字形间隔织物织造第六阶段（S层）

第七阶段，S层和Xd层成形。此阶段形成的上、下层织物与第五和第六阶段形成的下、上层织物一样，因此，称此时形成的上、下层为S层和Xd层。织造时，两个花轴和地轴一起送经，上卷取辊与下卷取辊一同卷取，织机正常投纬，S层、Xd层织口仍位于t1位置处，直至织入所需要纬纱数i，此时，第七阶段织造完成。工字形间隔织物的方格边长为$J+i$，如图7-31所示。

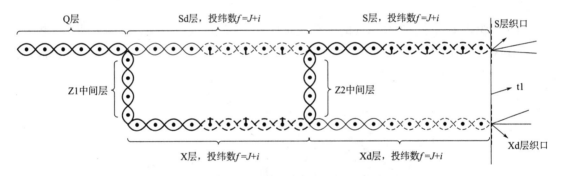

图7-31 工字形间隔织物织造第七阶段（S层和Xd层）

最后，不断循环第二～第七阶段，完成整个工字形间隔织物的织造。

第六节 T形管织物组织结构特征与上机

一、结构特征

T形管状组织结构的设计，主要是根据三维机织T形管状织物的纬向截面图，确定经纱和垂纱的穿综图；根据其经向截面图确定纬纱的引纬顺序，再根据其经向截面图确定垂纱的运动规律，综合上述条件绘制纹板图；由穿综图和纹板图可得到组织图。将T形管状组织进行分区如图7-32所示。

109

对于纬向管状织物B₂部分，上下两层分别用正交形式对织物进行交织，两边将上下两层合并为一个平板型织物，从而形成一种管状织物。A₂B₁部分为纬向管与经向管交织的设计，该部分是此设计中最困难和最关键的部分，即将两种相互垂直的管状织物顺利地连接起来，即在纬向管A区的端部不形成闭合空间，而是直接变为经向管状织物。该部分的经向截面图如图7-33所示。

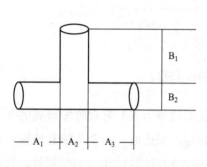

图7-32　T形管状组织形态图

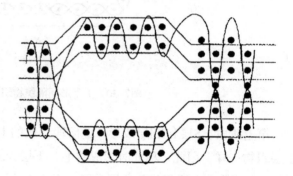

图7-33　T形管状织物经向截面图

二、组织与上机

由于该织物组织是非连续循环的，沿经向有两种不同的交织方式，故需要两套纹板来实现，即B₂区域与A₂B₁区域的纹板。在织造B₂区域时，需一个6层平板状织物作其封闭的底端，故B₂区底端的上机图如图7-34所示。

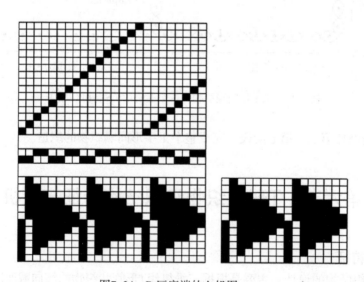

图7-34　B₂区底端的上机图

B₂区的纹板区分为上下两部分，形成管状织物，第1，2，3，10，11，12纬用第1把梭子；第4，5，6，7，8，9纬用第2把梭子。B₂区上机图如图7-35所示。

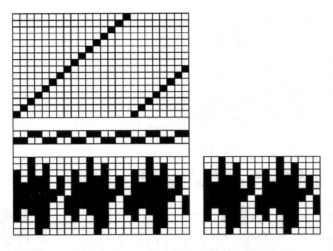

图7-35　B₂区上机图

经向管与纬向管交接处A_2 B_1区的纹板图如图7-36所示。

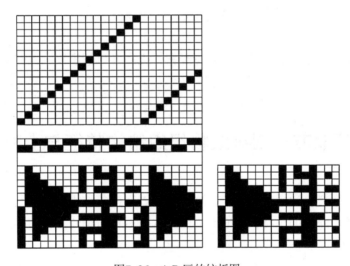

图7-36　A_2B_1区的纹板图

最后一个纹板为经向管B_1区，由于只有A_2区有纬纱与经纱交织，故在纹板图上第一区无纹钉，上机图如图7-37所示。

上机参数如下：穿筘为2入一筘，总经纱根数按式（7-2）计算。

$$W_s = \sum_{i=1}^{n} W_a M_a = \sum_{i=1}^{n} L_a P_j B_a \qquad （7-2）$$

式中：W_s为总经纱根数；W_a为每一织造区域中所有织物层均完成一个组织循环的经纱数，$W_a = L_a F R_j$；M_a为每一个织造区域中完全组织循环次数；L_a为每一个织造区域包含的织物层数；P_j为每层织物经纱密度；B_a为每一织造区域筘幅；F为构成每层织物的组织层数；R_j为织物基础组织的经纱循环数。

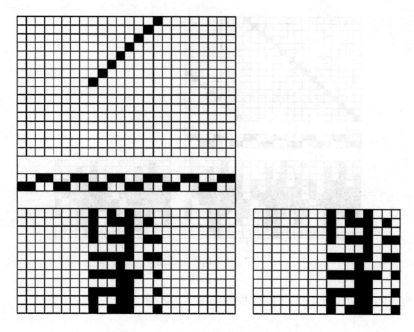

图7-37 B₁区的上机图

在织造过程中应注意两点：其一要减少经密，提高开口清晰度；其二要增加经轴数量，均衡经纱张力。

第七节 褶裥织物组织结构特征与上机

褶裥条纹是在面料上运用各种技术，达到面料表面按条纹排列的凹凸不平的形态。褶的含义是指经过折叠而缝成的纹痕，改变面料的原有形态和面貌特质，使平面的面料具有浮雕般的立体效果。

机织褶裥织物可分为经向褶裥和纬向褶裥两种，本节对纬向褶裥织物进行介绍。根据织物的结构形态，将纬向褶裥织物大致分为全封闭式和半封闭式两种。

一、全封闭褶裥织物

全封闭式褶裥织物的褶裥部分呈全封闭中空状态，经卷布辊碾压作用形成褶裥，故称全封闭式褶裥织物。

1. 结构特征

全封闭式褶裥织物总体可分为3个部分，非褶裥部分A、褶裥表层部分C和褶裥里层部分B，各部分的连接关系如图7-38所示。褶裥织物采用双轴织造，A部分由花轴和地轴经纱共同与纬纱交织而成；B部分由地轴经纱作为里经与里纬交织而成；C部分由花轴经纱作为表经与表纬交织而成。

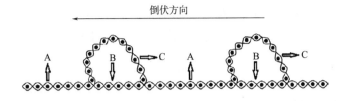

图7-38 全封闭褶裥织物截面示意图

2. 组织与上机

全封闭式褶裥织物的织造是以双层组织为基础，结合织机停撬（即停止送经和卷取，或称停送停卷）运动成型。为达到最终的褶裥效果，褶裥部分的表里纬纱比例应大于1：1。下面以表里纬比3：1为例对褶裥织物形成机理进行介绍。

褶裥部分配置停撬针，停撬比为7：1，即在褶裥部分以8纬为一个停撬循环，与停撬针相对应的7纬纱在引入及打纬的过程中，织机停止送经和卷取，无停撬的1根纬纱在引入及打纬的过程中，织机正常送经和卷取。若停止送经卷取表示为"0"，正常卷取送经表示为"1"，则上述样卡织造的送经运动可以概括为：0，0，0，0，0，0，0，1，0，0，0，0，0，0，0，1……

上机图如图7-39（a）所示。织造过程中，首先从单层织物到双层织物的变化，表里纬3：1织造，在织造表纬时，织机停止送经卷取，如图7-39（b）中a1所示；然后，重复表里纬3：1的双层组织织造，使表层织物长于里层部分，如图7-39（b）中a2所示；当表层织物长于里层一定长度后，完成褶裥部分的织造，如图7-39（b）中a3所示；从褶裥部分过渡到非褶裥

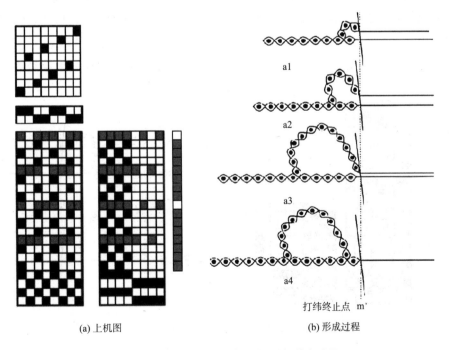

(a) 上机图   (b) 形成过程

图7-39 全封闭式褶裥织物上机图和形成过程

部分，此时钢筘向前打纬运动，推动表层多出的织物慢慢形成褶裥，钢筘运动到最前位置，褶裥部分织造完成，进入单层织物的织造，表里层经纱同时全部参与织造，如图7-39（b）中a4所示。

二、半封闭褶裥织物

半封闭式褶裥织物是以劈组织为基础，结合织机停撬运动成型。

1. 结构特征

半封闭式褶裥织物总体也可分为3个部分，非褶裥部分A′、褶裥表层部分C′和褶裥里层部分B′，各部分的连接关系如图7-40所示。褶裥织物采用双轴织造，A′部分由花轴和地轴经纱共同与纬纱交织而成；B′部分呈经浮线状态，无纬纱交织，只由地轴经纱形成；C′部分由花轴经纱作为表经与表纬交织而成。

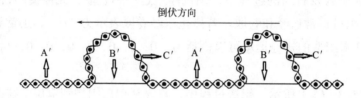

图7-40 半封闭褶裥织物截面示意图

2. 组织与上机

非褶裥部分采用平纹组织织造；褶裥部分为局部管状组织；褶裥部分配置停撬针，停撬比为7∶1。同样，送经运动依然可以概括为：0，0，0，0，0，0，0，1，0，0，0，0，0，0，0，0，1……

上机图如图7-41（a）所示。织造过程中，首先，褶裥形成阶段，表层经纱与纬纱进行

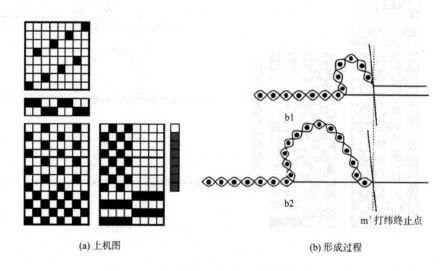

(a) 上机图　　　　　　　　　　(b) 形成过程

图7-41 半封闭式褶裥织物上机图和形成过程

正常交织，里层经纱不交织且停止送经，如图7-41（b）中b1所示；然后，当非褶裥部分织造时，钢筘打纬推动表层织物形成褶裥，如图7-41（b）中b2所示；若在褶裥部分全部设置停撬针，即当褶裥部分织造时，织机一直处于停止送经卷取状态，则最终织物的反面不会存在经纱的浮线状态，如图7-42所示。由于在停撬作用下，经纱受到的摩擦次数增多，纱线的磨损增加，导致经纱断头问题，故全停撬对应的纬纱根数不宜过多，否则会影响织造效率。

图7-42 织物截面状态示意图

第八节 三维机织物垂向多梭口织造上机设计

对于在织物厚度方向层数不多的三维机织物，一般尽量采用普通的单梭口织机进行织造，以利于实现低成本生产。但对于三维机织物层数较多的产品，采用普通的单梭口织造时，所需的综页数必然多。综页数过多会给织造带来很大问题，如为开清梭口，后页综提起高度需比前面综页大，但这样又会导致经纱伸长差异，出现增加经纱张力不匀，此外，一纬一纬地引入带来的是生产效率极为低下，以及经纱的过度磨损。为此，有必要应用高效的垂向多梭口织造技术进行加工。

垂向多梭口织造原理如图7-43所示，经纱由经轴架（筒子架）上引出，按一定规律穿过综框上的多眼综丝，再穿过钢筘后，由织物夹具夹持，综框升降对经纱形成多层梭口。纬纱从筒子上退绕下来，引纬剑穿过梭口夹持住纬纱，引纬剑回退，将纬纱引入梭口，钢筘将纬纱推向织口，织物引离机构将形成的织物引离，至此一个引纬循环结束。

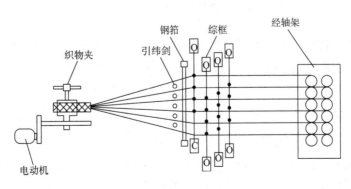

图7-43 垂向多梭口织机原理图

一、多眼综丝

垂向多梭口织造的主要特征是采用了多眼综丝开口技术和多剑杆同时引纬技术。

多眼综丝，即在一根综丝上有多个综眼。相对于传统单综眼织机，采用多眼综丝织造可以织造出更多层的高厚度织物。多眼综丝使经纱在空间形成多层排布，当综框运动时，经纱上下分离在竖直方向形成多层梭口。在织造时，织机每次开口形成多个梭口，多个剑杆对多个梭口同时引纬，可实现三维机织物的高效织造。

多眼综丝在一定程度上突破了综框数的限制，将织物组织中厚度方向起伏规律相同的经纱穿在一根综丝上，织物织造所需的综框数即可减少。对于同一种三维组织结构，一般说来，综丝的综眼数越多，所需综框数越少。多眼综丝的应用不仅大大减少织造织物所需综框数，而且将织物所有经纱分为多个层次，降低了经纱排列密度，减少了经纱之间以及经纱与综丝之间的磨损。

二、开口高度

为织造复杂组织织物，多眼综丝的综框可提起不同高度。为同时形成多个清晰的梭口，综框提起高度，即开口高度，应以综眼间距为单位，如图7-44所示。

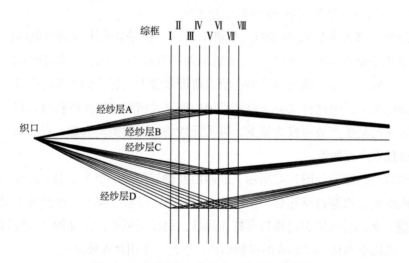

图7-44　垂向多梭口织造的经纱位置线简图

综眼层内组织，指某一个综眼层（如经纱层A）形成的织物组织。这个组织可以依照普通织机的织造设计规则来完成，织造时，综框间的相对位移，即开口高度，为一个综眼间距。如果多综眼织机用的是N页综框，则在普通织机上N页综框可以织造的织物组织都能用作为多综眼多剑杆织机的综眼层内组织，可以是单层，也可以是多层组织，如图7-45（a）所示。

综眼层间接结，或综眼层间组织，是指实现各层综眼层内组织之间接结的组织，即某一个经纱层组织（如经纱层A）与其他经纱层组织（如经纱层B）之间的接结组织。织造时表现为综框间的相对位移不是1个开口高度（综眼间距），而是2个、3个或4个开口高度（综眼间距），从而得到完整的多层织物，而不是由多层综眼织造的多层分离的织物，如图7-45（b）所示。

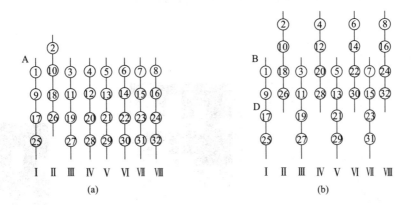

图7-45 不同开口高度示意图

当多眼综丝的综眼数为n，综框提起1个高度时，织机开口最多形成n个梭口；提起2个高度时，最多形成n+1个梭口；织机最多提高n个高度，形成2n−1个梭口。当综框提起2个或2个以上的高度，不同综眼层内的经纱出现交叉，从而使综眼层间织物接结起来。

由此可知，采用垂向多梭口，即多眼综技术生产三维织物的过程，可以分解为综眼层内组织的织造和综眼层间组织的织造，两个部分的有机组合构成了完整的加工过程。

设定综框页数为N，理论上讲，综眼层内组织最多为N/2层（N为偶数时）或者(N−1)/2（N为奇数时），则综丝综眼数为M的多剑杆织机可织造最多为N×M/2或者(N−1)×M/2层的多层接结机织物。而综眼层间的接结，则是在综眼层内组织织造中，通过控制综框的运动，使某一个综眼层内组织的经纱参与其上方（或下方）另一个综眼层内组织的织造来实现的。

如果各层综眼经纱的穿入方式相同，则各层综眼形成的综眼层内组织是相同的；如果各层综眼经纱的穿入方式不相同，则各层综眼形成的综眼层内组织不会相同，整体织物的复杂程度会更高。本书只讨论各层综眼经纱的穿入方式相同的情况，也就是说，只要确定某一综眼层内组织以及相应综眼层间接结，就可以得到整体的多层机织物。

综合上述分析可知，在各层综眼经纱的穿入方式相同的情况下，只需在综眼层内组织的上机图基础上，加入形成综眼层间接结的提综规律，就可以得到多层接结机织物在多综眼多剑杆织机的上机图。

三、设计实例

1. 角联锁组织

（1）综眼层内组织。设定综框页数为8，每页综框上综眼数为4，拟设计一个16层组织。首先确定所选用的基础组织，对于一个16层组织，由于综眼数为4，即有4层综眼，则每层综眼要形成4层织物；综框数为8，而每2页综框才能形成一层织物，所以，基础组织只能是平纹或经重平，这里选择平纹组织。接结组织也为平纹，采用下接上的方法。ⅠA～ⅧA分别表示的是穿过综框中A层综眼的经纱，a1～a8表示的是纬纱（图7-46）。穿综方式选择顺穿法，相应的综眼层内组织图和纹板图如图7-47和图7-48所示。

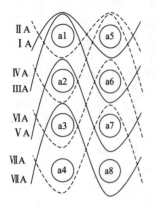

图7-46　综眼层内织物经向截面图

■—表示接结点

图7-47　综眼层内组织图

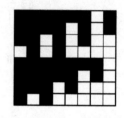

图7-48　综眼层内纹板图

（2）综眼层间接结。因为在织造中是多剑杆同时引纬，所以，当某层综眼形成一个层织物时，其他层综眼也形成了相同的层织物。但是不同综眼层所形成的层织物之间是分离的，没有接结。此时要解决的就是不同综眼层间织物的接结（图7-49）。

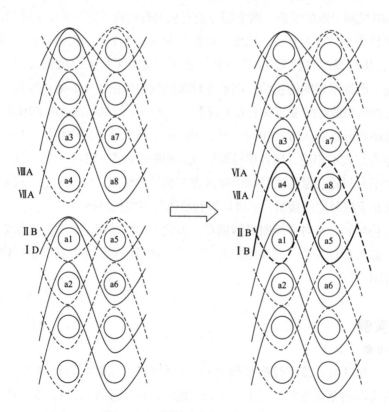

图7-49　不同综眼层间织物的接结

要实现这样的接结，在引纬纱a4或a8时，综框Ⅰ或Ⅱ要分别提起2个综眼间距，如图7-50所示组织图。其中，"●"表示综眼层内组织接结点，"▲"表示综眼层间组织接结点。

各层综眼的穿综方式选择顺穿，如图7-51所示纹板图。其中，"■"表示综框提起1个综眼间距，"▲"表示综框提起2个综眼间距。

最终织物的经向截面图如图7-52所示。

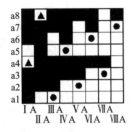

图7-50　综眼层间织物组织图

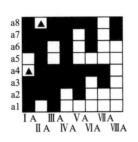

图7-51　综眼层间织物纹板图

从图7-53所示上机图可以看出，具有16层的层层角联锁组织织物的上机图，在采用四综眼四剑杆织造技术的条件下，并不复杂，但由于有一个提升2个高度的开口设计，使相应织机的开口机构变得相当复杂，即垂直多梭口织机必须具有多综眼、多剑杆和多开口高度功能。

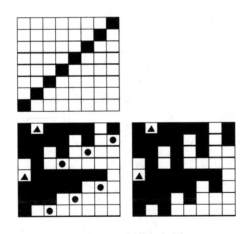

图7-53　织物上机图

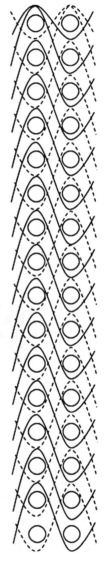

图7-52　层层角联锁组织经向截面图（16层）

2. 多层接结纬组织

多层接结纬组织以纬纱作为接结纱，经纱循环较少，所用综框数减少，便于织造。以平纹或经重平为基础组织的多层接结纬组织，在纬纱层数相同的情况下，经纱循环数最少，即在综框数和综丝眼数相同时，可织出较大厚度织物。

本节介绍织造经纱循环数为32、层数为16的多层接结纬组织，基本组织为经重平。将经

119

纱循环数为32的多层接结纬组织分为两组分别穿入四层综眼，综眼层内织物为经纱循环数为8的多层接结纬组织。ⅠA～ⅧA分别表示的是穿过综框中A层综眼的经纱，a1～a8表示的是纬纱。综眼层内织物纬向截面图如图7-54所示，织物组织图如图7-55所示。

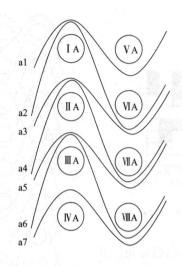

图7-54　综眼层内织物纬向截面图

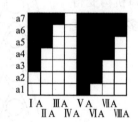

图7-55　综眼层内织物组织图

　　相邻综眼层之间通过添入的接结纬接结，在各综眼层织物的一个竖直截面的纬纱引入完毕时，再追加单独的开口高度为综眼间距2倍的开口，以便引入接结纬纱层，如图7-56所示。

　　最终得到整体织物的上机图与选纬图如图7-57所示，其中"■"表示综框提起1个综眼间距，"▲"表示综框提起2个综眼间距。

3. 正交组织

　　4层的正交组织经向截面图、穿综和引纬示意图以及纹板图和选纬图如图7-58所示。用同样的方法，10层的正交组织上机图如图7-59所示，纹板图中的数字表示综框提起的综眼间距。

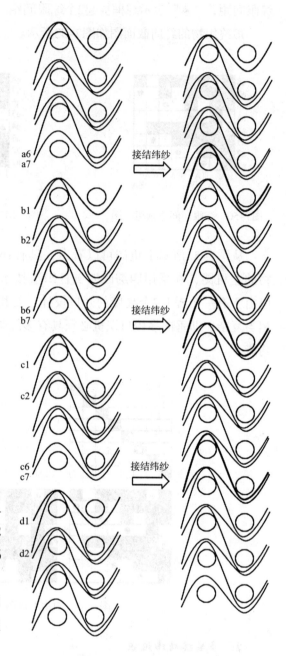

图7-56　不同综眼层间织物的接结

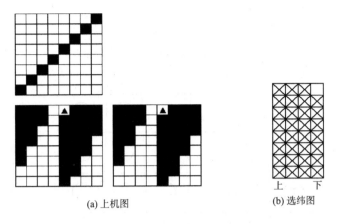

(a) 上机图　　　　　　　　(b) 选纬图

图7-57　接结纬组织16层整体织物的上机图与选纬图

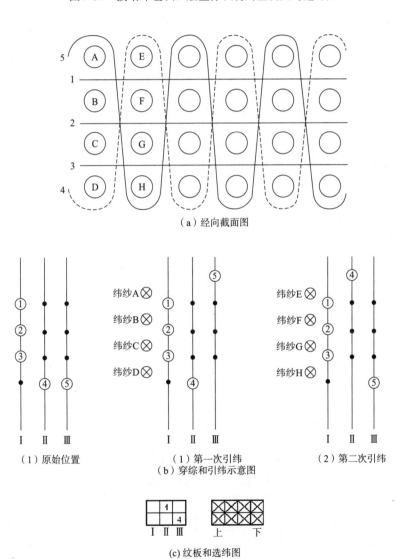

（a）经向截面图

（1）原始位置　　　　　　（1）第一次引纬　　　　　（2）第二次引纬
（b）穿综和引纬示意图

(c) 纹板和选纬图

图7-58　4层正交组织上机图设计

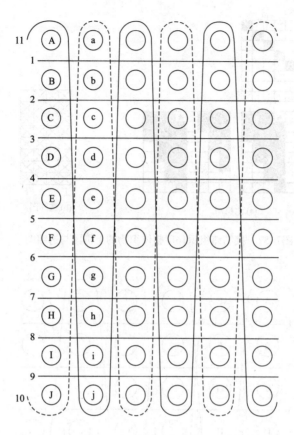

(a) 经向截面图

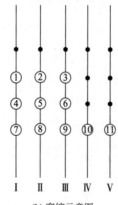

(b) 穿综示意图

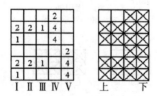

(c) 纹板图和选纬图

图7-59　10层正交组织上机图

☞ **思考题**

1. 简述三维机织物的结构类别与特征。

2. 简述三轴向正交互联锁织物的结构特征，并讨论这类织物采用普通织机织制的上机要点及注意事项。

3. 简述角联锁组织的结构类型与特征，并讨论其与正交互联锁组织的主要区别。

4. 设计一个6层的三轴向正交三维机织物，绘制经向剖面图和上机图。

5. 设计一个六重纬角联锁结构的机织物，绘制经向剖面图和组织图。

6. 设计一个6层的分层角联锁结构的机织物，绘制经向剖面图和上机图。

7. 简述多层接结组织的结构特征，并讨论其与角联锁组织的主要区别。

8. 自选基础组织和经纬纱排列比等参数，设计一种接结经接结四层组织，绘制上机图和经向剖面图。

9. 简述间隔型结构三维机织物的类型及特征。

10. 简述T形管状组织的结构特征与上机要点。

11. 设计一种起褶部分结构为斜纹的全封闭式褶裥机织物，绘制上机图。

12. 简述半封闭式褶裥机织物的结构特点及织造要点。

13. 试分析垂向多梭口织造的优势及适用的织物类型。

14. 在一台配置了12页综框的垂向多梭口织机上，每页综框的综眼数为4，根据织造条件，设计一个24层综眼层内组织，绘制经向截面图和组织图。

15. 试对比5层正交组织采用普通织机和垂向多梭口织机织造的区别，分别绘制两种不同织造条件下的上机图。

参考文献

［1］荆妙蕾. 织物结构与设计［M］. 5版. 北京：中国纺织出版社，2014.

［2］顾平. 织物结构与设计学［M］. 北京：东华大学出版社，2006.

［3］蔡陛霞. 织物结构与设计［M］. 4版. 北京：中国纺织出版社，2008.

［4］蔡陛霞. 织物结构与设计［M］. 3版. 北京：中国纺织出版社，2004.

［5］陈秋水. 织物结构与设计［M］. 上海：中国纺织大学出版社，1998.

［6］蔡陛霞. 织物结构与设计［M］. 2版. 北京：纺织工业出版社，1986.

［7］浙江丝绸工学院，苏州丝绸工学院. 织物组织与纹织学［M］. 北京：纺织工业出版社，1981.